農業経理士
問題集

【税務編】

大原出版

はじめに

成長産業への変革期にある日本農業において、農業経営の法人化や異業種からの農業参入増加などを背景に現代的な農業経営を確立する必要性が高まっております。

農業という業種の特徴は、生物の生産であることから、病虫害や自然災害による被害等、経営者自身でコントロールすることができない要素が多いことにあります。それゆえ、経営者自身の経験則に基づく判断が重要となりますが、すべての判断を経験則に頼ることは合理的ではなく、客観的事実たる計数を確かめながら経営判断を行うことで、より健全な農業経営を行うことが可能となります。特に法人経営では、計数に基づく経営管理が必須であり、現代的な農業経営に欠かせない要素となります。

このような状況の中、当協会は日本の農業の発展、具体的には計数管理の基盤となる農業簿記の普及に寄与することを目的として、一般社団法人 全国農業経営コンサルタント協会による監修のもとで、平成26年度より「農業簿記検定」を実施しております。

さらに、当協会では2020年度より「農業経理士」称号認定制度を創設致しました。本制度は、農業簿記で培った知識を基盤としながら、農業経営の現場で必要となる実践的なスキルを習得した者であることを当協会が認定し、「農業経理士」の称号を授与するものです。制度創設にあたり、新たに「経営管理」および「税務」試験を開設致しました。

本書は「税務」試験の学習範囲を網羅した問題集です。「農業経理士教科書【税務編】」とあわせてご利用いただき、教科書で学んだ知識の理解度の確認として、また試験対策としてお役立てください。

本書が読者の皆様の農業経営に関わる税務知識の習得、そして「農業経理士」称号取得の一助となれば幸いです。

一般財団法人　日本ビジネス技能検定協会

会長　田中　弘

農業経理士に関する情報はこちら

http://jab-kentei.or.jp/agricultural-accountant/

●本書の利用にあたって●

この問題集は、姉妹編の「農業経理士教科書【税務編】」に準拠した問題集です。従って、教科書の学習の進度に合わせて、併行して利用されることをお奨め致します。

(1) 教科書の単元を学習し終えたら、問題集を解いてください。解答後は、必ず解答編で確認するようにしてください。
(2) 解答を見ても分からないときは、教科書に戻り説明を読んで、どこが間違っているかを確認しましょう。

農業経理士問題集【税務編】

目　次

問　題　編

第１章　決算と申告

<会　　計>

問題１　会計（貸借対照表）　⇒ 解答Ｐ.88

貸借対照表に関する次の文章中の空欄に当てはまる語句を答えなさい。

貸借対照表とは、一定期日の（　Ａ　）を表したもので、（　Ａ　）とは、資産・負債・純資産（資本）の状態のことをいう。貸借対照表は、（　Ｂ　）に資産、（　Ｃ　）に負債・純資産（資本）を記入したもので、（　Ｂ　）の資産の合計額は（　Ｃ　）の負債と純資産（資本）との合計額に一致する。

貸借対照表を表す一定時点は、一般に期末で、これを「（　Ｄ　）」という。

貸借対照表の構造は以下のとおりである。

（　Ｂ　）	（　Ｃ　）
資産の部	負債の部
Ⅰ　（　Ｅ　） (1)　当座資産 (2)　棚卸資産 (3)　その他（　Ｅ　）	Ⅰ　（　Ｇ　） Ⅱ　固定負債 純資産の部 Ⅰ　株主資本 (1)　（　Ｈ　）
Ⅱ　固定資産 (1)　（　Ｆ　） (2)　無形固定資産 (3)　投資その他の資産	(2)　資本剰余金 (3)　利益剰余金（繰越利益剰余金） (4)　自己株式 Ⅱ　評価・換算差額等
Ⅲ　繰延資産	Ⅲ　新株予約権

なお、農業特有の貸借対照表科目として、果樹などの永年性作物や繁殖用家畜などの（　Ｉ　）、農業用の生物の育成による支出である（　Ｊ　）、国の経営安定対策や収入保険によって拠出した生産者積立金のうち、資産計上すべきものである（　Ｋ　）などがある。

問題２　会計（損益計算書）

⇒ 解答P.88

損益計算書に関する次の文章中の空欄に当てはまる語句を答えなさい。

損益計算書とは、一定期間の（　A　）を表したもので、（　A　）とは、経営活動の状況及びその成果をいう。損益計算書では、（　B　）をその発生源泉に従って分類して対応表示することによって、利益を発生源泉別に表示する。具体的には次のとおりである。

①　企業活動の利益の源泉である「（　C　）」
②　企業の営業活動による利益（本業による儲け）である「（　D　）」
③　企業の日常的な経営活動から生じた利益である「（　E　）」
④　会計期間における最終的な利益である「（　F　）」

（　A　）を表すための一定期間のことを「会計期間」といい、（　G　）の場合は任意に定めることができるが、（　H　）の場合は暦年（１月１日から12月31日）となる。

問題３　会計（決算）

⇒ 解答P.88

決算整理に関する次の文章中の空欄に当てはまる語句を答えなさい。

決算整理とは、正しい期間損益計算を行うための会計処理で、通常、（　A　）に行う。
農業簿記の場合、未収穫農産物の棚卸や（　B　）の計算、法人の場合の農産物の棚卸には（　C　）の算定が必要となる。このため、決算整理の手段として、まず（　C　）の算定のために、費用・収益の繰り延べ・見越し、固定資産の（　D　）、繰延資産の償却、引当金の設定といった手続きが必要となる。また、（　B　）の計算については、肥料や飼料などの棚卸が先に終わっていなければならない。

問題４　勘定科目

⇒ 解答Ｐ.88

次のＡ～Ｇの区分に当てはまる勘定科目を下記の【語群】から選びなさい。（複数選択可）

貸借対照表	(1)　固定資産	Ａ
	(2)　投資その他の資産	Ｂ
	(3)　負債・純資産の部	Ｃ
損益計算書	(4)　営業収益	Ｄ
	(5)　営業外収益	Ｅ
	(6)　売上原価	Ｆ
	(7)　製造原価	Ｇ

【語　群】

ア：農業経営基盤強化準備金　　イ：価格補塡収入　　ウ：生物売却原価

エ：一般助成収入　　オ：育成仮勘定　　カ：材料費　　キ：生物売却収入

ク：生物　　ケ：作業受託収入　　コ：経営保険積立金　　サ：飼料補塡収入

シ：作付助成収入

問題５　減価償却１

⇒ 解答Ｐ.89

白色申告者である個人の次の各資産について、令和６年分の減価償却費を計算しなさい。

なお、建物、構築物及び生物は旧定額法又は定額法、機械装置及び器具備品は旧定率法又は定率法による届出を行っており、いずれの資産についても取得と同時に事業の用に供している。

（単位：円）

資産名	取得年月日	取得価額	年初未償却残額	耐用年数
建物Ａ	平成18年10月10日	8,500,000	5,068,975	39年
機械装置Ｂ	令和４年８月18日	231,000	145,279	７年
建物Ｃ	令和３年６月10日	5,000,000	4,664,166	39年
器具備品Ｄ	令和６年11月10日	350,000	—	８年
構築物Ｅ	令和６年11月20日	87,000	—	14年
牛	令和５年９月25日	600,000	600,000	６年
柑橘樹	平成29年４月10日	220,000	213,766	30年

（注１）　牛は、令和６年６月に成熟の年齢に達したと認められる。

（注２）　柑橘樹は、令和５年３月に成熟の樹齢に達したと認められる。

〔資料〕　耐用年数による各償却方法の償却率（抄）

耐用年数	旧定額法	定額法	旧定率法	250％定率法	200％定率法
６年	0.166	0.167	0.319	0.417	0.333
７年	0.142	0.143	0.280	0.357	0.286
８年	0.125	0.125	0.250	0.313	0.250
14年	0.071	0.072	0.152	0.179	0.143
30年	0.034	0.034	0.074	0.083	0.067
39年	0.026	0.026	0.057	0.064	0.051

問題６　減価償却２

⇒ 解答Ｐ.89

白色申告者である個人の次の各資産について、令和６年分の減価償却費を計算しなさい。

なお、建物、構築物、車両及び生物は旧定額法又は定額法、機械装置及び器具備品は旧定率法又は定率法による届出を行っており、いずれの資産についても取得と同時に事業の用に供している。

（単位：円）

資産名	取得年月日	取得価額	年初未償却残額	耐用年数
建物Ａ	平成18年３月１日	4,250,000	1,998,987	31年
構築物Ｂ	平成18年３月１日	350,000	14,000	15年
機械装置Ｃ	令和６年４月20日	2,300,000	―	７年
車両Ｄ	令和３年10月５日	970,000	424,375	４年
器具備品Ｅ	令和６年９月15日	156,000	―	４年
馬	令和６年３月30日	500,000	―	６年
桃樹	令和３年11月１日	330,000	330,000	15年

（注１）　機械装置Ｃの取得に当たっては、表中の取得価額の他、引取り運賃20,000円を要している。

（注２）　馬は令和６年10月に成熟の年齢に達したと認められる。

（注３）　桃樹は令和７年４月に成熟の樹齢に達すると見込まれている。

〔資料〕　耐用年数による各償却方法の償却率（抄）

耐用年数	旧定額法	定額法	旧定率法	250％定率法	200％定率法
４年	0.250	0.250	0.438	0.625	0.500
６年	0.166	0.167	0.319	0.417	0.333
７年	0.142	0.143	0.280	0.357	0.286
15年	0.066	0.067	0.142	0.167	0.133
31年	0.033	0.033	0.072	0.081	0.065

問題７　減価償却３

⇒ 解答Ｐ.90

白色申告者である個人の次の各資産について、計上される令和６年分の減価償却費を計算しなさい。

なお、いずれの資産についても減価償却方法の届出をしていない。

（単位：円）

資産名	取得年月日	取得価額	耐用年数	備考
乳用牛	令和４年10月１日	800,000	４年	（注１）
ぶどう樹	平成30年６月４日	700,000	15年	（注２）
備品	令和６年６月10日	500,000	８年	（注３）

（注１）　表中の取得年月日は産まれて間もない仔牛を購入した日付であり、令和６年９月２日にこの牛は満２歳となり、成熟したと認められる。

（注２）　表中の取得年月日はぶどう樹の幼木を植樹した日付であり、令和６年６月４日にこのぶどう樹は樹齢満６年を迎え、成熟したと認められる。

（注３）　表中の取得年月日は備品を購入した日付であり、これを実際に農業の用に供したのは令和６年９月10日である。

〔資料〕　耐用年数による定額法の償却率（抄）

耐用年数	定額法
４年	0.250
８年	0.125
15年	0.067

問題８　減価償却４

⇒ 解答Ｐ.91

青色申告法人である当社の次の資産について、各設問に基づき当期（令和６年４月１日から令和７年３月31日までの事業年度）の減価償却費を計算しなさい。

なお、当社は、減価償却資産の償却方法の選定の届出を行ったことはない。

また、税法上適用される方法が２以上ある事項については、当期の法人税額が最も少なくなる方法によるものとする。

(1)　当期末において有する減価償却資産のうち、検討を要するものは次のとおりである。

区分	取得価額	耐用年数	取得年月日 （事業供用日）
応接セット （１セット）	162,000円	５年	令和７年２月15日
事務机 （１セット）	180,000円	５年	令和７年３月14日
冷蔵庫 （１台）	144,000円	５年	令和７年１月10日
その他の 器具備品	300,000円	６年	令和６年12月26日

（注）　その他の器具備品の一個又は一組の取得価額は60,000円である。

(2)　償却率等は次のとおりである。（定率法は平成24年４月１日以後に取得した資産に係るものである。）

耐用年数	定額法 償却率	定率法		
		償却率	改定償却率	保証率
５年	0.200	0.400	0.500	0.10800
６年	0.167	0.333	0.334	0.09911

【設問１】　当社の資本金が１億円であり、株主はすべて個人の場合

【設問２】　当社の資本金が２億円であり、株主はすべて個人の場合

問題９　減価償却５

⇒ 解答Ｐ.92

青色申告法人である当社の次の資産について、当期（令和６年４月１日から令和７年３月31日までの事業年度）の減価償却費を計算しなさい。

なお、当社は、減価償却資産の償却方法の選定の届出を行ったことはない。

また、税法上適用される方法が２以上ある事項については、当期の法人税額が最も少なくなる方法によるものとする。

⑴　当期末において有する減価償却資産のうち、検討を要するものは次のとおりである。

種　類	取得価額	耐用年数	備　考
器具備品（電子計算機）	2,860,000円	５年	（注１）
器具備品（応接セット）	210,000円	８年	（注２）

（注１）　電子計算機の取得価額は、当期の12月14日に単価260,000円のものを11個取得し、同日より事業の用に供したものの合計額である。

（注２）　応接セットは当期の２月17日に取得したものであり、同日より事業の用に供している。

⑵　償却率等は次のとおりである。（定率法は平成24年４月１日以後に取得した資産に係るものである。）

耐用年数	定額法償却率	定率法		
		償却率	改定償却率	保証率
５年	0.200	0.400	0.500	0.10800
８年	0.125	0.250	0.334	0.07909

⑶　当社は、資本金１億円の法人（株主はすべて個人である。）であり、当期中に変動はない。

問題10　減価償却６

⇒ 解答Ｐ.92

青色申告法人である当社の次の資産について、当期（令和６年４月１日から令和７年３月31日までの事業年度）の減価償却費を計算しなさい。

なお、当社は、減価償却資産の償却方法の選定の届出を行ったことはない。

また、税法上適用される方法が２以上ある事項については、当期の法人税額が最も少なくなる方法によるものとする。

(1)　当期末において有する減価償却資産のうち検討を要するものは次のとおりである。

種　類	取得価額（圧縮前）	期首帳簿価額	耐用年数	取得年月日（事業供用日）	備考
機械装置Ａ	5,000,000円	432,000円	５年	令和元年10月20日	（注１）
機械装置Ｂ	9,500,000円	—	６年	令和６年10月20日	（注２）
機械装置Ｃ	1,900,000円	—	10年	令和６年６月10日	（注３）
建　　物	24,900,000円	—	50年	令和６年４月25日	（注４）

（注１）　機械装置Ａは、前期において初めて償却額が保証額を下回っている。前期の期首帳簿価額は864,000円（改定取得価額）である。

（注２）　機械装置Ｂは、租税特別措置法第42条の６《中小企業者等が機械等を取得した場合の特別償却又は法人税額の特別控除》第１項に規定する特定機械装置等に該当する。

当社は、損金経理の方法による特別償却を適用する。

（注３）　機械装置Ｃは、他法人で３年間使用していたものを取得したものであり、事業の用に供するに当たり改良費400,000円を支出し、その金額を取得価額に計上している。

なお、取得後の残存耐用年数を見積ることが困難であると認められる。

（注４）　当期の４月１日に国庫補助金16,500,000円の交付を受け、その金額を当期の収益の額に計上している。また、当期中にその国庫補助金の全額の返還不要が確定し、16,500,000円の圧縮損を当期の費用に計上している。

(2)　償却率等は次のとおりである。（定率法は平成24年４月１日以後に取得した資産に係るものである。）

耐用年数	定額法償却率	定率法		
		償却率	改定償却率	保証率
５年	0.200	0.400	0.500	0.10800
６年	0.167	0.333	0.334	0.09911
７年	0.143	0.286	0.334	0.08680
10年	0.100	0.200	0.250	0.06552
50年	0.020	0.040	0.042	0.01440

(3)　当社は、資本金１億円の法人（株主はすべて個人である。）であり、当期中に変動はない。

問題11　国庫補助金等（圧縮記帳）

⇒ 解答Ｐ.93

次の資料に基づき、当社の当期（令和６年４月１日から令和７年３月31日までの事業年度）の圧縮損、減価償却費を計算しなさい。

⑴　当期の４月１日に国から国庫補助金16,300,000円の交付を受け当期の収益に計上した。

⑵　当期の４月25日に交付の目的に適合した建物を25,000,000円で取得し、同日より事業の用に供している。

⑶　当期の３月31日に国庫補助金の全額の返還不要が確定し、損金経理により建物圧縮損及び減価償却費を計上している。

⑷　建物の耐用年数は50年、償却率は0.020である。

問題12　役員給与（定期同額給与）

⇒ 解答Ｐ.94

役員給与の損金不算入に規定する定期同額給与について、次の空欄に当てはまる語句を答えなさい。

(1)　意義

その支給時期が（　A　）の一定期間ごとである給与（以下「定期給与」という。）でその事業年度の各支給時期における支給額が（　B　）である給与

(2)　定期給与の改定

定期給与で、次に掲げる改定がされた場合における給与改定前と給与改定後の各支給時期における支給額が（　B　）である場合は、定期同額給与に該当する。

区　分	内　　　　容
（　C　）改定	その事業年度開始の日の属する会計期間開始の日から（　C　）を経過する日までにされた定期給与の額の改定
臨時改定	その事業年度においてその内国法人の役員の（　D　）、その役員の（　E　）その他これらに類するやむを得ない事情によりされたこれらの役員に係る定期給与の額の改定（（　C　）改定を除く。）
業績悪化改定	その事業年度においてその内国法人の経営の状況が著しく悪化したことその他これに類する理由によりされた定期給与の額の改定（その定期給与の額を（　F　）した場合に限る。（　C　）改定及び臨時改定を除く。）

(3)　定期同額給与とされる経済的利益

継続的に供与される経済的な利益のうち、その供与される利益の額が毎月（　G　）であるもの

第２章　利益や取引への課税

<所　得　税>

問題13　各種所得の金額１

⇒ 解答Ｐ.95

青色申告者である個人の、次の各種所得の金額の計算方法について、最も適切なものを選びなさい。

各種所得の金額	計算方法
配当所得	（　A　）
事業所得	（　B　）
一時所得	（　C　）
山林所得	（　D　）

A．ア：収入金額－必要経費－［青色申告特別控除］
　　イ：収入金額－必要経費－特別控除額－［青色申告特別控除］
　　ウ：収入金額－元本取得のための負債利子
　　エ：収入金額－収入を得るための支出額－特別控除額
　　オ：収入金額－必要経費

B．ア：収入金額－必要経費－［青色申告特別控除］
　　イ：収入金額－必要経費－特別控除額－［青色申告特別控除］
　　ウ：収入金額－元本取得のための負債利子
　　エ：収入金額－収入を得るための支出額－特別控除額
　　オ：収入金額－必要経費

C．ア：収入金額－必要経費－［青色申告特別控除］
　　イ：収入金額－必要経費－特別控除額－［青色申告特別控除］
　　ウ：収入金額－元本取得のための負債利子
　　エ：収入金額－収入を得るための支出額－特別控除額
　　オ：収入金額－必要経費

D．ア：収入金額－必要経費－［青色申告特別控除］
　　イ：収入金額－必要経費－特別控除額－［青色申告特別控除］
　　ウ：収入金額－元本取得のための負債利子
　　エ：収入金額－収入を得るための支出額－特別控除額
　　オ：収入金額－必要経費

問題14　各種所得の金額２

⇒ 解答Ｐ.95

次のＡ～Ｋに当てはまる語句を下記の【語群】から選びなさい。（重複選択可）

（　Ａ　）所得	意　　義	不動産、不動産の上に存する権利、船舶又は航空機の貸付けによる所得
	計算方法	収入金額－必要経費－［青色申告特別控除・最大（　Ｂ　）万円］
利　子　所得	意　　義	（　Ｃ　）及び（　Ｄ　）の利子並びに合同運用信託及び公社債投資信託の収益の分配に係る所得
	計算方法	（　Ｅ　）
（　Ｆ　）所得	意　　義	法人から受ける利益の配当、剰余金の分配（出資に対するものに限る。）、基金利息及び公社債投資信託以外の証券投資信託の収益の分配による所得
	計算方法	収入金額－（　Ｇ　）
（　Ｈ　）所得	意　　義	俸給、（　Ｉ　）、賃金、歳費及び（　Ｊ　）並びにこれらの性質を有する給与による所得
	計算方法	収入金額－（　Ｋ　）

【語　群】

ア：配当　　イ：事業　　ウ：一時　　エ：雑　　オ：不動産　　カ：給与
キ：賞与　　ク：国債　　ケ：公社債　　コ：剰余金　　サ：預貯金　　シ：普通預金
ス：定期預金　　セ：役務　　ソ：給料　　タ：収入金額
チ：元本取得のための負債利子　　ツ：給与所得控除額　　テ：50　　ト：65

問題15　各種所得の金額３

⇒ 解答Ｐ.95

次のＡ～Ｉに当てはまる語句を下記の【語群】から選びなさい。（重複選択可）

<table>
<tr><td rowspan="3">（　Ａ　）所得</td><td rowspan="2">意　　義</td><td>営　業　等</td><td>漁業、製造業、卸売業、小売業、サービス業その他の事業から生ずる所得</td></tr>
<tr><td>農　　業</td><td>農業から生ずる所得</td></tr>
<tr><td>計算方法</td><td colspan="2">収入金額－必要経費－［（　Ｂ　）・最大65万円］</td></tr>
<tr><td rowspan="6">雑　　所得</td><td rowspan="3">意　　義</td><td>公的年金等</td><td>雑所得のうち公的年金等によるもの</td></tr>
<tr><td>業　　務</td><td>副業に係る収入のうち営利を目的とした継続的なもの</td></tr>
<tr><td>そ　の　他</td><td>利子所得、配当所得、不動産所得、事業所得、給与所得、退職所得、山林所得、譲渡所得及び一時所得のいずれにも該当しない所得で公的年金等、業務以外のもの</td></tr>
<tr><td rowspan="3">計算方法</td><td>公的年金等</td><td>収入金額－（　Ｃ　）</td></tr>
<tr><td>業　　務</td><td>収入金額－（　Ｄ　）</td></tr>
<tr><td>そ　の　他</td><td>収入金額－（　Ｄ　）</td></tr>
<tr><td rowspan="3">（　Ｅ　）所得</td><td rowspan="2">意　　義</td><td>短　　期</td><td rowspan="2">資産（土地建物等、株式等を除く。）の譲渡による所得</td></tr>
<tr><td>長　　期</td></tr>
<tr><td>計算方法</td><td colspan="2">収入金額－［（　Ｆ　）＋譲渡費用］－特別控除額・最大（　Ｇ　）万円</td></tr>
<tr><td rowspan="2">（　Ｈ　）所得</td><td>意　　義</td><td colspan="2">利子所得、配当所得、不動産所得、事業所得、給与所得、退職所得、山林所得及び譲渡所得以外の所得のうち、営利を目的とする継続的行為から生じた所得以外の一時の所得で労務その他の役務又は資産の譲渡の対価としての性格を有しないもの</td></tr>
<tr><td>計算方法</td><td colspan="2">収入金額－収入を得るための支出額－特別控除額・最大（　Ｉ　）万円</td></tr>
</table>

【語　群】

ア：利子　イ：配当　ウ：事業　エ：譲渡　オ：一時　カ：不動産
キ：概算控除　ク：公的年金等控除額　ケ：必要経費　コ：優遇特別控除
サ：白色申告特別控除　シ：青色申告特別控除　ス：定額控除額　セ：取得費
ソ：５　タ：10　チ：50　ツ：55　テ：65　ト：100

問題16　資産の譲渡

⇒ 解答Ｐ.95

畜産業を営む白色申告者である個人甲につき、次の資産の譲渡による各種所得の金額を計算しなさい。

資産名	取得年月日	譲渡年月日	総収入金額	取得費	譲渡費用
土地	平成17年 ８月１日	令和６年 ７月１日	22,000,000円	8,500,000円	660,000円
機械	令和３年 ７月１日	令和６年 10月１日	2,500,000円	600,000円	50,000円
生物	令和４年 ２月１日	令和６年 10月１日	1,300,000円	700,000円	40,000円

（注１）　土地は甲が畜産業で使用している放牧地の一部であり、甲はこれを同業者である知人に対して譲渡している。

（注２）　機械は甲が畜産業で使用している農業用機械であり、甲はこれを同業者である知人に対して譲渡している。

（注３）　生物は甲が畜産業で飼育している母豚であり、業者に卸売したものである。なお、取得費の金額はこの豚の譲渡直前の帳簿価額であり、甲の豚の譲渡は営利を目的として継続的に行われている。

問題17　収穫基準１

⇒ 解答Ｐ.96

個人である農業者が農産物を収穫した場合の所得計算について、次の文章の空欄に入る語句を答えなさい。

農業を営む居住者が農産物を収穫した場合には、その収穫時におけるその農産物の価額（以下「収穫価額」という。）に相当する金額は、その者のその（　Ａ　）の日の属する年分の事業所得の金額の計算上（　Ｂ　）に算入する。また、農産物を家事消費した場合には、通常他に販売する価額により（　Ｂ　）に算入する。

農産物の収穫価額は、その農産物の収穫時における（　Ｃ　）により計算する。

農産物は、その（　Ａ　）時にその収穫価額をもって（　Ｄ　）したものとみなされる。

問題18　収穫基準２

⇒ 解答Ｐ.96

次の資料に基づいて、個人である農業者甲の本年分の農業所得の総収入金額を収穫基準により計算しなさい。

甲は、前年以前から米を生産・販売する農業を営んでおり、本年中に5,000,000円の米の販売を行っている。

このほか、本年収穫したが未販売の米が500,000円（収穫価額）残っている。また、前年末日において、未販売であった米が300,000円（収穫価額）あったため、同額については前年の総収入金額に計上している。

問題19　収穫基準３

⇒ 解答Ｐ.96

次の資料に基づいて、個人である農業者甲の本年分の農業所得の総収入金額を収穫基準により計算しなさい。

甲は、前年以前から麦を生産・販売する農業を営んでおり、本年中に8,000,000円の麦の販売を行っている。

このほか、甲が自宅で家事消費した麦が250,000円（通常他に販売する価額）あり、本年収穫したが未販売の麦が200,000円（収穫価額）残っている。

また、前年末日において未販売であった麦が400,000円（収穫価額）あったため、同額については前年の総収入金額に計上している。

問題20　肉用牛免税１

⇒ 解答Ｐ.96

肉用牛免税に関する次の文章中の空欄に当てはまる数値を答えなさい。

農業を営む個人が特定の肉用牛を売却した場合、一定の要件を満たすことでその売却により生じた事業所得に対する所得税が免除される。

特例の対象となる免税対象飼育牛とは、特定の肉用牛で①売却金額が免税基準価額（肉専用種（　Ａ　）万円、交雑種（　Ｂ　）万円、乳用種（　Ｃ　）万円）未満のもの、②一定の登録のあるものをいう。

また、個人の場合、特定の肉用牛のうちに免税対象飼育牛に該当しないもの又は年間（　Ｄ　）頭を超える免税対象飼育牛が含まれているときは、その個人のその年分の総所得金額に係る所得税の額は、次に掲げる金額の合計額とすることができる。

①　（免税対象飼育牛に該当しない特定の肉用牛の売却価額＋年間合計が（　Ｄ　）頭を超える免税対象飼育牛の売却価額）×（　Ｅ　）％

②　その年において特定の肉用牛に係る事業所得の金額がないものとみなして計算した場合におけるその年分の総所得金額について計算した所得税相当額

問題21　肉用牛免税２

⇒ 解答Ｐ.97

肉用牛の飼育・販売及び耕種作物の栽培をする農業を営む居住者甲の、次の場合における本年分の所得税の額を計算しなさい。なお、肉用牛免税の特例の対象となるものは、その適用を受けるものとする。また、〔資料〕以外の所得はないものとし、所得控除及び復興特別所得税については考慮しなくて良い。

〔資料〕

(1)　収入金額の資料

①　本年において家畜取引法に規定する家畜市場において、下記の品種の肉用牛を売却している。

品　　種	１頭当たりの売却価額	売却頭数
Ａ（肉専用種）	700,000円	2,000頭
Ｂ（肉専用種）	1,200,000円	1,000頭
Ｃ（交雑種）	900,000円	500頭

②　①以外の事業所得の収入金額　　5,000,000円

(2)　必要経費の資料

①　(1)①に係る必要経費　　3,000,000円

②　①以外の事業所得の必要経費　　1,000,000円

(3)「課税総所得金額」に対する所得税の税額表〔求める税額＝Ａ×Ｂ－Ｃ〕

Ａ　課税総所得金額	Ｂ　税率	Ｃ　控除額
1,950,000円以下	５％	０円
1,950,000円超　3,300,000円以下	10％	97,500円
3,300,000円超　6,950,000円以下	20％	427,500円
6,950,000円超　9,000,000円以下	23％	636,000円
9,000,000円超　18,000,000円以下	33％	1,536,000円
18,000,000円超　40,000,000円以下	40％	2,796,000円
40,000,000円超	45％	4,796,000円

問題22　従事分量配当

⇒ 解答Ｐ.97

従事分量配当に関する次の文章の空欄に入る語句を答えなさい。

【設問１】

従事分量配当は、（　Ａ　）がその組合員に対してその者が（　Ａ　）の事業に（　Ｂ　）に応じて分配する配当であり、分配を受けた個人である組合員等の側で（　Ｃ　）所得、原則として農業所得として課税される。従事分量配当に該当しない場合には、個人である組合員等については（　Ｄ　）所得に該当し、（　Ａ　）は所得税を（　Ｅ　）しなければならない。

【設問２】

農事組合法人の配当には、（　Ｆ　）、（　Ｇ　）、（　Ｈ　）の３種類がある。

農事組合法人は、組合員に確定給与を支給する場合には（　Ｉ　）、確定給与を支給しない場合には（　Ｊ　）となる。農事組合法人が（　Ｊ　）に該当する場合、従事分量配当は法人の（　Ｋ　）に算入されるが、分配を受けた組合員等の側で（　Ｌ　）として課税される。

問題23　所得控除１

⇒ 解答Ｐ.98

所得税法に規定する所得控除（人的控除）について、次のＡ～Ｋに入る金額を答えなさい。

控除の種類			控除額
寡婦控除			A
ひとり親控除			B
勤労学生控除			C
障害者控除	一般の障害者		D
	特別障害者		E
	同居特別障害者		F
扶養控除	一般の控除対象扶養親族		G
	特定扶養親族		H
	老人扶養親族	同居老親等以外の者	I
		同居老親等	J
基礎控除			最大　K

問題24　所得控除２

⇒ 解答Ｐ.98

所得税法における配偶者控除について、次の空欄に入る金額を答えなさい。

	控除対象配偶者	老人控除対象配偶者
居住者の合計所得金額が 9,000,000円以下の場合	A	480,000円
居住者の合計所得金額が 9,000,000円超　9,500,000円以下の場合	260,000円	B
居住者の合計所得金額が 9,500,000円超　10,000,000円以下の場合	C	160,000円

問題25　個人住民税

⇒ 解答P.98

個人の住民税に関する次の文章の空欄に入る語句を下記の【語群】から選び記号で答えなさい。

住民税とは、（　A　）税（都民税を含む）と、（　B　）税（特別区民税を含む）の総称である。所得税は、納税者自ら納税すべき額を計算して申告納付する（　C　）方式であるが、個人の住民税は（　D　）方式を採っている。（　D　）方式では、課税権者である（　E　）が所得税の申告などを基に税額を計算して決定し、それを納税者に通知する仕組みになっている。

住民税の計算は、（　F　）割と（　G　）割の２つの計算基礎から成り立っている。また、所得税はその年の所得について課税する現年所得課税をとっているのに対して、住民税の（　G　）割は、退職所得を除き（　H　）の所得について課税する（　H　）所得課税となっている。（　A　）税の課税は、市（区）町村が、（　B　）税と併せて行うこととなっている。

住民税の標準税率（2007年分以降）は、（　A　）税（　I　）％、（　B　）税（　J　）％である。

【語　群】

ア：国　イ：消費　ウ：市町村民　エ：道府県民　オ：賦課課税
カ：申告納税　キ：均等　ク：所得　ケ：収入　コ：世帯　サ：翌年
シ：本年　ス：前年　セ：都道府県知事　ソ：市（区）町村長　タ：２
チ：４　ツ：６　テ：８　ト：10

問題26　個人事業税

⇒ 解答Ｐ．98

個人の事業税に関する次の文章の空欄に入る語句を答えなさい。

個人の事業税は、個人の行う物品販売業、製造業など一定の事業に対し、その個人の（　Ａ　）所在地の（　Ｂ　）が課税する税金である。

個人の事業税は、個人の住民税と同様、（　Ｃ　）方式がとられている。また、個人の事業税は、（　Ｄ　）における事業の所得を課税標準として課税されている。

個人の事業税は、具体的に列挙された第１種事業、第２種事業、第３種事業に該当する事業が課税されるが、農業については、これらの（　Ｅ　）ため、個人の事業税の課税対象とならない。

問題27　租税特別措置法の特別控除

⇒ 解答Ｐ．98

農地等を譲渡したことによる所得については、一定の要件を満たす場合には特別控除の適用がある。

次のそれぞれの場合における、特別控除額を答えなさい。

1．農用地利用規程の特例に係る事項が定められた農用地利用規程に基づいて行われる農用地利用改善事業の実施区域内にある農用地がその農用地の所有者の申出に基づき農地中間管理機構に買い取られる場合

2．農用地区域内の農用地が、農業経営基盤強化促進法の協議に基づいて農地中間管理機構に買い取られる場合

3．農地保有の合理化等のために農用地区域内の土地等を譲渡した場合

4．土地収用法等によって収用交換等された場合

問題28　農業経営基盤強化準備金１

⇒ 解答Ｐ.99

農業経営基盤強化準備金の概要について、次の各設問の空欄に入る語句を答えなさい。

【設問１】

農業経営基盤強化準備金の対象者は、（　Ａ　）者で次に該当するものである。また、それぞれが作成する農業経営改善計画等に、この特例を活用して取得しようとする（　Ｂ　）が記載されていることが要件となる。（新たな（　Ｂ　）を取得しようとする場合には、事前に計画への記載・承認が必要となる。）

㈠ 認定農業者又は（　Ｃ　）である個人－農業経営改善計画又は青年等就農計画

㈡ 認定農業者である（　Ｄ　）法人（認定（　Ｄ　）法人）－農業経営改善計画

【設問２】

農業経営基盤強化準備金については、純資産の部の「その他利益剰余金」の区分における任意積立金として表示する方法（剰余金処分経理方式）と、損金経理により固定負債の部における引当金として計上する方法（損金経理方式）があるが、個人農業者における農業経営基盤強化準備金の会計処理は、（　Ｅ　）方式による。

問題29　農業経営基盤強化準備金２

⇒ 解答Ｐ.99

農業経営基盤強化準備金の計算について、次の各設問の空欄に入る語句を答えなさい。

【設問１】

農業経営基盤強化準備金の積立限度額は、次のいずれか少ない金額となる。

(ア) 「農業経営基盤強化準備金に関する証明書」（別記様式第２号）の金額

(イ) その年分の（　Ａ　）の金額（個人）・事業年度における所得の金額（法人）

【設問２】

農業経営基盤強化準備金の取崩事由及び取崩額は以下となる。

(ア) 積立てをした年・事業年度の翌期首から（　Ｂ　）年を経過した場合－（　Ｂ　）年を経過した金額

(イ) 認定農業者等に該当しないこととなった場合－（　Ｃ　）

(ウ) 事業の全部を譲渡・廃止した場合（個人）・被合併法人となる合併（適格合併を除く。）が行われ又は（　Ｄ　）した場合（法人）－全額

(エ) 農業経営改善計画等の定めるところにより農用地等の取得等をした場合－（　Ｅ　）相当額

(オ) 農業経営改善計画等に記載のない農用地・農業用の機械装置・建物等・構築物の取得等をした場合－（　Ｆ　）相当額

(カ) 任意に農業経営基盤強化準備金の金額を取り崩した場合－（　Ｇ　）金額

問題30　農業経営収入保険１

⇒ 解答Ｐ.99

農業経営収入保険に関する次の文章（個人に限る。）の空欄に入る語句を答えなさい。

1．対象者

①　（　Ａ　）申告を行い、経営管理を適切に行っている農業者である。

②　（　Ａ　）申告を（　Ｂ　）年間継続している農業者を基本とするが、（　Ａ　）申告（（　Ｃ　）な方式を含む。）の実績が加入申請時に（　Ｄ　）年分あれば加入可である。

2．基準収入

農業者ごとの過去（　Ｂ　）年間の平均（　Ｅ　）とすることを基本とする。

3．保険料・事務費の支払い

収入保険の保険料及び事務費は、保険期間の（　Ｆ　）に計上するのが原則となる。

問題31　農業経営収入保険２

⇒ 解答Ｐ.99

農業経営収入保険（以下「収入保険」という。）に係る会計処理等について、前々年の必要経費、前年の必要経費、本年に収入計上、翌年に収入計上する金額として最も適切な組み合わせのものを選びなさい。なお、保険方式の保険とする。

前々年：前々年に対応する保険料（掛捨て）15,000円を支払った。

前　年：前年に対応する保険料（掛捨て）15,000円を支払った。

本　年：保険金の見積額である500,000円により確定申告をした。

翌　年：保険金の支払として500,000円が実際に支払われた。

ア．	前々年：15,000円	前年：15,000円	本年：500,000円	翌年：０円
イ．	前々年：15,000円	前年：15,000円	本年：０円	翌年：500,000円
ウ．	前々年：０円	前年：０円	本年：500,000円	翌年：０円
エ．	前々年：０円	前年：０円	本年：０円	翌年：500,000円

問題32　総合問題１　⇒ 解答Ｐ.100

次に掲げる資料は、農業を営む個人である居住者甲の令和６年（以下、「本年」という。）分の所得税に関する資料である。ついては、Ⅰ各種所得の金額からⅤ申告納税額までを答えなさい。

なお、特に指示があるものを除き、甲にとって有利な方法を選択するものとするものとし、令和６年実施の定額減税は考慮しなくてよい。

〔資料１〕

⑴　配当に関する資料

Ａ農事組合法人（非上場、普通法人に該当する。）からの剰余金の配当　150,000円

この配当に係る源泉徴収税額は30,630円である。

⑵　給与に関する資料

Ａ農事組合法人から支給を受けた給与収入　6,400,000円（この給与に係る源泉徴収税額は171,800円である。）

⑶　駐車場用地の貸付に関する資料

総収入金額　5,569,000円

必要経費　　1,680,800円

甲は青色申告者ではない。

⑷　資産の譲渡に関する資料

所有期間８年の農耕用土地をＢ法人に譲渡したことによる譲渡所得の金額

1,718,000円

⑸　事業所得（農業所得）の金額　1,530,000円（上記⑴～⑷の金額は含まれていない。）

⑹　雑所得の金額　330,000円

〔資料２〕

⑴　医療機関に支払った金額

甲及び生計を一にする親族の診察・治療にかかった医療費の合計額　296,250円

⑵　支払社会保険料　542,000円

⑶　生命保険料控除額　90,000円

⑷　地震保険料控除額　50,000円

⑸　特定寄附金の額　160,000円

(6)　甲と生計を一にし、同居を常況とする親族の状況（年齢は全て本年12月31日現在のものである。）

①　妻　　41才　所得なし

②　長女　17才　所得なし

③　長男　13才　所得なし

この他、生計を一にする母（72才、所得なし。）がいるが、甲と同居していない。

〔資料３〕

(1)　給与所得控除額の計算

給与等の収入金額 （給与所得の源泉徴収票の支払金額）	給与所得控除額
1,800,000円以下	収入金額×40％－100,000円 550,000円に満たない場合には550,000円
1,800,000円超　3,600,000円以下	収入金額×30％＋　80,000円
3,600,000円超　6,600,000円以下	収入金額×20％＋　440,000円
6,600,000円超　8,500,000円以下	収入金額×10％＋1,100,000円
8,500,000円超	1,950,000円（上限）

(2)　配偶者特別控除の控除額

配偶者の合計所得金額	居住者の合計所得金額		
	900万円以下	900万円超 950万円以下	950万円超 1,000万円以下
480,000円超　950,000円以下	380,000円	260,000円	130,000円
950,000円超　1,000,000円以下	360,000円	240,000円	120,000円
1,000,000円超　1,050,000円以下	310,000円	210,000円	110,000円
1,050,000円超　1,100,000円以下	260,000円	180,000円	90,000円
1,100,000円超　1,150,000円以下	210,000円	140,000円	70,000円
1,150,000円超　1,200,000円以下	160,000円	110,000円	60,000円
1,200,000円超　1,250,000円以下	110,000円	80,000円	40,000円
1,250,000円超　1,300,000円以下	60,000円	40,000円	20,000円
1,300,000円超　1,330,000円以下	30,000円	20,000円	10,000円

(3) 「課税総所得金額」に対する所得税の税額表〔求める税額＝Ａ×Ｂ－Ｃ〕

Ａ　課税総所得金額	Ｂ　税率	Ｃ　控除額
1,950,000円以下	5％	0円
1,950,000円超　3,300,000円以下	10％	97,500円
3,300,000円超　6,950,000円以下	20％	427,500円
6,950,000円超　9,000,000円以下	23％	636,000円
9,000,000円超　18,000,000円以下	33％	1,536,000円
18,000,000円超　40,000,000円以下	40％	2,796,000円
40,000,000円超	45％	4,796,000円

Ⅰ　配当所得
給与所得　＝
不動産所得　＝
分離長期譲渡所得
事業所得
雑所得
Ⅱ　総所得金額
＝
長期譲渡所得の金額
課税標準の合計額　＝
Ⅲ　医療費控除　－（注）　＝
（注）　∴
社会保険料控除
生命保険料控除
地震保険料控除
寄附金控除　（注）　＝
（注）　∴
配偶者控除
配偶者特別控除
扶養控除　＝
基礎控除
所得控除合計
Ⅳ　課税総所得金額　－　＝
課税長期譲渡所得金額
Ⅴ　算出税額　課総　＝
課長　＝
合計
配当控除
復興特別所得税　＝
源泉徴収税額　＝
申告納税額　＝

問題33　総合問題２

⇒ 解答Ｐ.101

次に掲げる資料は、農業を営む個人である居住者甲の令和６年（以下、「本年」という。）分の所得税に関する資料である。ついては、Ⅰ各種所得の金額からⅤ申告納税額までを答えなさい。

なお、特に指示があるものを除き、甲にとって有利な方法を選択するものとするものとし、令和６年実施の定額減税は考慮しなくてよい。

〔資料１〕

甲は青色申告者であり、電子帳簿による帳簿を備え付けて、正規の簿記の原則により記帳している。

〔資料２〕

(1)　配当に関する資料

①　Ａ農業法人（非上場）の配当　310,000円

②　Ｂ農事組合法人（協同組合等）の従事分量配当　255,000円

③　①及び②の支払の際に源泉徴収された所得税は、合計63,302円である。

(2)　不動産の貸付けに係る収入金額等の明細

総収入金額　5,884,800円

必要経費　　2,892,200円

(3)　農業用機械の譲渡による収入金額等の明細

取得年月日　令和３年７月20日

譲渡年月日　本年６月15日

総収入金額　1,400,000円

取得費　　　　999,000円

譲渡費用　　　 35,000円

(4)　農業所得に係る収入金額等の明細（上記(1)～(3)の金額は含まれてない。）

総収入金額　15,285,600円

必要経費　　 7,932,500円

青色事業専従者給与　1,000,000円

これは甲の事業に専ら従事する甲の妻に支払ったものである。

(5)　雑所得の金額　144,000円

〔資料３〕

⑴　医療機関に支払った金額

①　甲の診察・治療にかかった医療費　176,220円

②　甲の長男の診察・治療にかかった医療費　192,570円

⑵　支払社会保険料　868,000円

⑶　甲と生計を一にし、同居を常況とする親族の状況（年齢は全て本年12月31日現在のものである。）

①　妻　　44才　甲の事業に専ら従事したことにより受け取った青色事業専従者給与が1,000,000円ある。

②　長男　20才　大学生　給与所得の金額が850,000円ある。

③　母　　73才　所得なし。

〔資料４〕

⑴「課税総所得金額」に対する所得税の税額表〔求める税額＝Ａ×Ｂ－Ｃ〕

Ａ　課税総所得金額	Ｂ　税率	Ｃ　控除額
1,950,000円以下	5％	0円
1,950,000円超　3,300,000円以下	10％	97,500円
3,300,000円超　6,950,000円以下	20％	427,500円
6,950,000円超　9,000,000円以下	23％	636,000円
9,000,000円超　18,000,000円以下	33％	1,536,000円
18,000,000円超　40,000,000円以下	40％	2,796,000円
40,000,000円超	45％	4,796,000円

⑵　配偶者特別控除の控除額

配偶者の合計所得金額	居住者の合計所得金額		
	900万円以下	900万円超 950万円以下	950万円超 1,000万円以下
480,000円超　950,000円以下	380,000円	260,000円	130,000円
950,000円超　1,000,000円以下	360,000円	240,000円	120,000円
1,000,000円超　1,050,000円以下	310,000円	210,000円	110,000円
1,050,000円超　1,100,000円以下	260,000円	180,000円	90,000円
1,100,000円超　1,150,000円以下	210,000円	140,000円	70,000円
1,150,000円超　1,200,000円以下	160,000円	110,000円	60,000円
1,200,000円超　1,250,000円以下	110,000円	80,000円	40,000円
1,250,000円超　1,300,000円以下	60,000円	40,000円	20,000円
1,300,000円超　1,330,000円以下	30,000円	20,000円	10,000円

Ⅰ　配当所得

不動産所得　＝

総合短期譲渡所得

事業所得

(1)

(2)

(3)

雑所得

Ⅱ　総所得金額

Ⅲ　医療費控除　－(注)　＝

(注)　∴

社会保険料控除

配偶者控除

配偶者特別控除

扶養控除

基礎控除

所得控除合計

Ⅳ　課税総所得金額　－　＝

Ⅴ　算出税額　＝

配当控除

復興特別所得税

源泉徴収税額

申告納税額　＝

問題34　総合問題３

⇒ 解答Ｐ.102

次に掲げる資料は、農業を営む個人である居住者甲の令和６年（以下、「本年」という。）分の所得税に関する資料である。ついては、Ⅰ各種所得の金額からⅤ申告納税額（または還付される税額）までを答えなさい。なお、特に指示があるものを除き、甲にとって有利な方法を選択するものとするものとし、令和６年実施の定額減税は考慮しなくてよい。

〔資料１〕

甲は青色申告者であり、帳簿を備え付けて、正規の簿記の原則により記帳しており、電子申告により確定申告を行っている。

〔資料２〕

(1)　配当に関する資料

①　Ａ法人（上場）の配当　36,000円（総合課税により申告することを選択しており、この配当に係る源泉徴収税額は5,513円である。）

②　Ｂ法人（非上場）の配当　123,000円（この配当に係る源泉徴収税額は25,116円である。）

(2)　土地の譲渡に係る収入金額等の明細

譲渡対価　　14,800,000円
取得費　　　 6,430,000円
譲渡費用　　　　20,000円
取得年月日　平成19年４月10日

農地保有の合理化等のために農用地区域内の土地等を譲渡したものであり、農業委員会のあっせんによるものである。

(3)　不動産の貸付に係る収入金額等の明細

総収入金額　2,495,000円
必要経費　　2,688,300円

(4)　農業所得に係る収入金額等の明細（上記(1)～(3)の金額は含まれてない。）

総収入金額　8,206,900円
必要経費　　6,053,100円

〔資料３〕

(1)　医療機関に支払った金額

①　甲の診察・治療にかかった医療費　152,330円

②　甲の母の診察・治療にかかった医療費　305,100円（保険金等補填額が310,000円ある。）

(2)　支払社会保険料　129,000円

(3)　甲と生計を一にし、同居を常況とする親族の状況（年齢は全て本年12月31日現在のものである。）

①　妻　49才　給与所得の金額500,000円がある。

②　母　69才　所得なし。一般障害者に該当する。

〔資料４〕

(1)　配偶者特別控除の控除額

配偶者の合計所得金額	居住者の合計所得金額		
	900万円以下	900万円超 950万円以下	950万円超 1,000万円以下
480,000円超　950,000円以下	380,000円	260,000円	130,000円
950,000円超　1,000,000円以下	360,000円	240,000円	120,000円
1,000,000円超　1,050,000円以下	310,000円	210,000円	110,000円
1,050,000円超　1,100,000円以下	260,000円	180,000円	90,000円
1,100,000円超　1,150,000円以下	210,000円	140,000円	70,000円
1,150,000円超　1,200,000円以下	160,000円	110,000円	60,000円
1,200,000円超　1,250,000円以下	110,000円	80,000円	40,000円
1,250,000円超　1,300,000円以下	60,000円	40,000円	20,000円
1,300,000円超　1,330,000円以下	30,000円	20,000円	10,000円

(2)「課税総所得金額」に対する所得税の税額表〔求める税額＝A×B－C〕

A　課税総所得金額	B　税率	C　控除額
1,950,000円以下	5％	0円
1,950,000円超　3,300,000円以下	10％	97,500円
3,300,000円超　6,950,000円以下	20％	427,500円
6,950,000円超　9,000,000円以下	23％	636,000円
9,000,000円超　18,000,000円以下	33％	1,536,000円
18,000,000円超　40,000,000円以下	40％	2,796,000円
40,000,000円超	45％	4,796,000円

Ⅰ　配当所得　[　　　] = [　　　]
長期譲渡所得　[　　　] = [　　　]
不動産所得　[　　　] = [　　　]
事業所得　[　　　] = [　　　]

Ⅱ　総所得金額　[　　　]
= [　　　]
長期譲渡所得の金額　[　　　]
課税標準の合計額　[　　　]

Ⅲ　医療費控除　[　　　]
社会保険料控除　[　　　]
配偶者控除　[　　　]
配偶者特別控除　[　　　]
扶養控除　[　　　]
障害者控除　[　　　]
基礎控除　[　　　]
所得控除合計　[　　　]

Ⅳ　課税総所得金額　[　　　] − [　　　] = [　　　]
課税長期譲渡所得金額　[　　　]

Ⅴ　算出税額　課総　[　　　] = [　　　]
課長　[　　　] = [　　　]
合計　[　　　]
配当控除　[　　　]
[　　　]
復興特別所得税　[　　　] = [　　　]
源泉徴収税額　[　　　] = [　　　]
申告納税額　[　　　] = [　　　]

<法　人　税>

問題35　各事業年度の所得１

⇒ 解答Ｐ.103

法人税の各事業年度の所得について、次の空欄に当てはまる語句を下記の【語群】から選びなさい。

(1)　法人税の課税標準

課税標準	各事業年度の（　Ａ　）

(2)　各事業年度の（　Ａ　）

各事業年度の（　Ａ　）	その事業年度の（　Ｂ　）－その事業年度の（　Ｃ　）

(3)　（　Ｂ　）の意義

<table>
<tr><th>区分</th><th>構成要素</th><th colspan="2">留意事項</th></tr>
<tr><td rowspan="8">（　Ｂ　）</td><td rowspan="8">収益の額</td><td colspan="2">別段の定めがあるものを除く</td></tr>
<tr><td rowspan="6">例示</td><td>（　Ｄ　）</td></tr>
<tr><td>（　Ｅ　）</td></tr>
<tr><td>（　Ｆ　）</td></tr>
<tr><td>（　Ｇ　）</td></tr>
<tr><td>（　Ｈ　）</td></tr>
<tr><td>（　Ｉ　）</td></tr>
<tr><td colspan="2">その他の取引で資本等取引以外のもの</td></tr>
</table>

(4)　（　Ｃ　）の意義

<table>
<tr><th>区分</th><th>構成要素</th><th colspan="3">留意事項</th></tr>
<tr><td rowspan="4">（　Ｃ　）</td><td rowspan="4">（　Ｊ　）、（　Ｋ　）、（　Ｌ　）の額</td><td colspan="3">別段の定めがあるものを除く</td></tr>
<tr><td rowspan="3">例示</td><td>①</td><td>収益に係る売上原価、完成工事原価その他これらに準ずる（　Ｊ　）の額</td></tr>
<tr><td>②</td><td>①のほか、販売費、一般管理費その他の（　Ｋ　）（償却費以外の費用で債務の確定していないものを除く。）の額</td></tr>
<tr><td>③</td><td>（　Ｌ　）の額で資本等取引以外のもの</td></tr>
</table>

【語　群】

ア：原価　　イ：有償による資産の譲渡　　ウ：損金の額

エ：無償による資産の譲渡　　オ：所得の金額　　カ：無償による役務の提供

キ：費用　　ク：有償による役務の提供　　ケ：資産の販売　　コ：損失

サ：無償による資産の譲受け　　シ：益金の額

問題36　各事業年度の所得２

⇒ 解答Ｐ.103

所得金額と決算利益の関係について、最も適切な組み合わせを下記の【語群】から選びなさい。

区分	内容	具体的な項目
（　Ａ　）	決算利益では、収益とされているが、税法上、益金の額に算入されないもの	・受取配当等の益金不算入 ・還付法人税等の益金不算入など
（　Ｂ　）	決算利益では、収益とされていないが、税法上、益金の額に算入されるもの	・農業経営基盤強化準備金取崩額の益金算入など
（　Ｃ　）	決算利益では、費用とされているが、税法上、損金の額に算入されないもの	・法人税額等の損金不算入 ・減価償却超過額の損金不算入 ・役員給与の損金不算入 ・交際費等の損金不算入 ・寄附金の損金不算入など
（　Ｄ　）	決算利益では、費用とされていないが、税法上、損金の額に算入されるもの	・農業経営基盤強化準備金積立額の損金算入 ・肉用牛売却所得の特別控除額の損金算入 ・従事分量配当の損金算入 ・繰越欠損金の損金算入

【語　群】

ア．Ａ：益金算入　Ｂ：益金不算入　Ｃ：損金算入　Ｄ：損金不算入
イ．Ａ：益金不算入　Ｂ：益金算入　Ｃ：損金不算入　Ｄ：損金算入
ウ．Ａ：損金不算入　Ｂ：損金算入　Ｃ：益金不算入　Ｄ：益金算入
エ．Ａ：損金算入　Ｂ：損金不算入　Ｃ：益金算入　Ｄ：益金不算入
オ．Ａ：益金不算入　Ｂ：損金算入　Ｃ：益金算入　Ｄ：損金不算入

問題37　別表四

⇒ 解答Ｐ.103

次の資料に基づき、当社の当期（令和６年４月１日から令和７年３月31日までの事業年度）における（　Ａ　）を計算しなさい。

(1)　当社の当期純利益　35,000,000円

(2)　税務調整項目

交際費等の損金不算入額（損金不算入項目）　1,000,000円

役員給与の損金不算入額（損金不算入項目）　500,000円

損金経理をした法人税及び地方法人税（損金不算入項目）　8,000,000円

損金経理をした納税充当金（損金不算入項目）　30,000,000円

受取配当等の益金不算入額（益金不算入項目）　4,200,000円

肉用牛売却所得の特別控除額（損金算入項目）　6,000,000円

〔別　　表　　四〕

（単位：円）

当期利益又は当期欠損の額		
加算	損金経理をした法人税及び地方法人税（附帯税を除く。）	
	損金経理をした納税充当金	
	役員給与の損金不算入額	
	交際費等の損金不算入額	
減算	受取配当等の益金不算入額	
	肉用牛売却所得の特別控除額	
所得金額又は欠損金額		（　Ａ　）

問題38　別表一

⇒ 解答Ｐ.103

次の資料に基づき、当期（令和６年４月１日から令和７年３月31日までの事業年度）における期末出資金の額が1,000万円である協同組合等の納付すべき法人税額として、最も適切な組み合わせを下記の【語群】から選びなさい。

当期の別表四の所得金額は63,250,445円である。

（単位：円）

<table>
<tr><th colspan="2">区　　　分</th><th>税率</th><th>金　　額</th><th>計　算　過　程</th></tr>
<tr><td colspan="3">所得金額又は欠損金額</td><td>63,250,445</td><td rowspan="3">(1)　年800万円以下
(　A　)×$\frac{12}{12}$=(　A　)
(千円未満切捨)
(2)　年800万円超
63,250,445－(1)=(　C　)
(千円未満切捨)</td></tr>
<tr><td rowspan="3">法人税額の計算</td><td>(1)　年800万円以下
(　A　)</td><td>(　)</td><td>(　B　)</td></tr>
<tr><td>(2)　年800万円超
(　C　)</td><td>(　)</td><td>(　D　)</td></tr>
<tr><td colspan="2">法　人　税　額</td><td>(　E　)</td><td></td></tr>
<tr><td colspan="3">試験研究費の特別控除額</td><td>×××</td><td></td></tr>
<tr><td colspan="3">法　人　税　額　計</td><td>10,197,500</td><td></td></tr>
<tr><td colspan="3">控　除　税　額</td><td>×××</td><td></td></tr>
<tr><td colspan="3">差引所得に対する法人税額</td><td>9,380,700</td><td>〔端数処理〕百円未満切捨</td></tr>
<tr><td colspan="3">中間申告分の法人税額</td><td>×××</td><td></td></tr>
<tr><td colspan="3">差　引　確　定　法　人　税　額</td><td>9,380,700</td><td></td></tr>
</table>

【語　群】

ア．A：8,000,000　B：1,200,000　C：55,250,000　D：12,818,000　E：14,018,000
イ．A：8,000,000　B：1,520,000　C：55,250,000　D：10,497,500　E：12,017,500
ウ．A：8,000,000　B：1,200,000　C：55,250,000　D：10,497,500　E：11,697,500
エ．A：6,000,000　B：900,000　C：57,250,000　D：10,877,500　E：11,777,500
オ．A：5,000,000　B：750,000　C：58,250,000　D：11,067,500　E：11,817,500

問題39　受取配当等の益金不算入１

⇒ 解答Ｐ.103

受取配当等の益金不算入について、最も適切な組み合わせを下記の【語群】から選びなさい。

(1) 完全子法人株式等（株式等保有（　A　）%）に係る配当等
　その配当等の額の（　B　）
(2) 関連法人株式等（株式等保有（　C　）超（　A　）%未満）に係る配当等
　その配当等の額－（　D　）
(3) その他の株式等（株式等保有（　E　）%超（　C　）以下）に係る配当等
　その配当等の額×（　F　）%
(4) 非支配目的株式等（株式等保有（　E　）%以下）
　その配当等の額×（　G　）%

【語　群】

ア．A：50　B：$\frac{1}{2}$　C：$\frac{2}{3}$　D：負債利子の額　E：10　F：50　G：20

イ．A：50　B：$\frac{1}{2}$　C：$\frac{3}{4}$　D：負債利子の額　E：5　F：25　G：10

ウ．A：100　B：全額　C：$\frac{1}{3}$　D：負債利子の額　E：15　F：20　G：30

エ．A：100　B：全額　C：$\frac{1}{3}$　D：負債利子の額　E：5　F：50　G：20

オ．A：100　B：全額　C：$\frac{5}{10}$　D：負債利子の額　E：5　F：50　G：20

問題40　受取配当等の益金不算入２

⇒ 解答Ｐ.104

次の資料に基づき、当社の当期（令和６年４月１日から令和７年３月31日までの事業年度）における受取配当等の益金不算入額及び法人税額から控除される所得税額を計算しなさい。

(1) 当期中に収受した利子配当等の額は次のとおりであり、源泉徴収税額控除後の差引手取額を当期の収益に計上している。

区分	銘柄等	受取配当等の額	源泉徴収税額	差引手取額	保有割合
配当金	ＪＡ	200,000円	40,840円	159,160円	１％
配当金	Ｂ社株式	1,260,000円	—	1,260,000円	43％
配当金	Ｃ社株式	450,000円	—	450,000円	100％
預金利子	Ｄ銀行	30,000円	4,594円	25,406円	—

（注）　上記元本は、すべて数年前から所有しており、取得後元本に異動はない。

(2) 受取配当等の額から控除すべき負債利子の額は50,400円である。

問題41　交際費等の損金不算入１

⇒ 解答Ｐ.105

交際費等の損金不算入について、次の空欄に当てはまる語句又は数字を下記の【語群】から選びなさい。

(1) 損金算入限度額

① 期末資本金の額又は出資金の額が１億円以下の法人等

イ　接待飲食費損金算入基準額

接待飲食費×（　A　）

ロ　定額控除限度額

$(\quad B \quad) \times \frac{\text{その事業年度の月数}}{12}$

ハ　イ≷ロ　　∴いずれか大きい金額

② ①以外の法人（期末資本金の額又は出資金の額が100億円超の法人を除く。）

接待飲食費損金算入基準額

接待飲食費×（　A　）

(2) 接待飲食費の意義

接待飲食費とは、交際費等のうち（　C　）その他これに類する行為のために要する費用（専らその法人の役員若しくは従業員又はこれらの親族に対するものを除く。以下「飲食費」という。）で一定のものをいう。

(3) 交際費等の意義

交際費等とは、交際費、接待費、機密費その他の費用で、法人が、その得意先、仕入先その他（　D　）等に対する接待、供応、慰安、贈答その他これらに類する（　E　）のために支出するものをいう。

ただし、次の費用は交際費等から除かれる。

① 専ら従業員の慰安のために行われる運動会等のために通常要する費用

② 飲食費であって、参加者一人当たりの支出額が（　F　）の費用（一定の書類を保存している場合に限る。）

③ カレンダー等の贈答費用、会議費、取材費等として通常要する費用

【語　群】

ア：8,000,000円　イ：事業に関係のある者　ウ：10,000円以下　エ：90％
オ：50％　カ：20％　キ：4,000,000円　ク：飲食　ケ：3,000円以下
コ：3,000円超　サ：行為　シ：10,000円超

問題42　交際費等の損金不算入２

⇒ 解答Ｐ.105

【設問１】

次の資料に基づき、交際費に該当するものには○を、交際費に該当しないものには×を選択しなさい。

(1)　従業員の慰安旅行に要した費用
(2)　得意先に対する中元の贈答費用
(3)　得意先を観劇に招待した費用
(4)　年末に当社名入りカレンダーを配布した費用
(5)　会議に際し供与される茶菓・弁当費用
(6)　得意先を高級クラブで接待した飲食費用（１人当たりの金額が10,000円を超えるもの）

【設問２】

次の資料に基づき、各問に答えなさい。

(1)　当社役員と仕入先との懇談会を料亭で行った費用　500,000円
（参加人数の総数は20人である。）
(2)　得意先の役員を料亭で接待するために要した費用　84,000円
（参加人数の総数は７人である。）
(3)　北海道の支店へ出張した際に当社役員及び従業員が料亭で接待を受けた費用の額
（参加人数の総数は10人である。）　40,000円
(4)　年末において従業員の慰安のために行った忘年会のための費用　400,000円
(5)　従業員の運動会のために要した費用　320,000円
(6)　得意先を銀座の高級クラブで接待をした際に要した飲食費用　365,000円
（一人当たりの支出額は36,500円である。）
(7)　販売促進会議に際して茶菓・弁当を供与した費用　120,000円
(8)　当社の役員と当社の使用人が会食した際に要した費用　60,000円
（一人当たりの支出額は3,000円である。）
(9)　得意先の役員と当社の役員が会食した際の飲食費用　39,000円
（一人当たりの支出額は3,000円である。）

問１　接待飲食費の額を求めなさい。
問２　接待飲食費損金算入基準額を求めなさい。

問題43　交際費等の損金不算入３

⇒ 解答Ｐ.106

次の資料に基づき、当社の当期（令和６年４月１日から令和７年３月31日までの事業年度）における交際費等の損金不算入額を計算しなさい。

⑴　当期において費用処理した金額が19,450,000円で、その中には次のものが含まれており、残額はすべて税務上の交際費等に該当する（接待飲食費に該当する金額はない。）ものである。

①	従業員の慰安旅行のための費用	400,000円
②	得意先を赤坂のクラブで接待した飲食費用（参加人数５人分の合計額）	250,000円
③	得意先等に当社製品名入りのカレンダー・手帳を配布したための費用	150,000円
④	会議に関連して茶菓・弁当を供与した費用	320,000円
⑤	仕入先を居酒屋で接待した費用（参加人数12人分の合計額）	180,000円
⑥	従業員の運動会のために要した費用	350,000円
⑦	仕入先を料亭で接待した費用（１人当たりの金額が10,000円を超えるもの）	300,000円

⑵　当社の期末資本金額は40,000,000円（株主はすべて個人である。）である。

問題44　寄附金の損金不算入

⇒ 解答Ｐ.107

【設問１】

寄附金の損金算入限度額について、次の空欄に当てはまる数字を下記の**【語群】**から選び記号で答えなさい。

⑴　特定公益増進法人等に対する寄附金の損金算入限度額（特別損金算入限度額）

$$\left\{\overbrace{(\text{期末資本金の額}+\text{期末資本準備金の額})\times\frac{\text{その事業年度の月数}}{12}\times(\quad A\quad)}^{\text{（資本基準額）}}+\overbrace{(\overset{\text{（注）}}{\text{所得の金額}}\times(\quad B\quad))}^{\text{（所得基準額）}}\right\}\times(\quad C\quad)$$

（注）　所得の金額＝仮計の金額＋支出寄附金の額

⑵　一般寄附金の損金算入限度額

$$\left\{\overbrace{(\text{期末資本金の額}+\text{期末資本準備金の額})\times\frac{\text{その事業年度の月数}}{12}\times(\quad D\quad)}^{\text{（資本基準額）}}+\overbrace{(\overset{\text{（注）}}{\text{所得の金額}}\times(\quad E\quad))}^{\text{（所得基準額）}}\right\}\times(\quad F\quad)$$

（注）　所得の金額＝仮計の金額＋支出寄附金の額

【語　群】

ア：$\frac{2.5}{100}$　　イ：$\frac{1}{4}$　　ウ：$\frac{3.75}{1,000}$　　エ：$\frac{2.5}{1,000}$　　オ：$\frac{1}{2}$　　カ：$\frac{6.25}{100}$

【設問２】

次の資料に基づき、当社の当期（令和６年４月１日から令和７年３月31日までの事業年度）における寄附金の損金不算入額を計算しなさい。

⑴　当期に寄附金勘定に計上した金額の内訳は、次のとおりである。

①	指定寄附金等	180,000円
②	特定公益増進法人等に対する寄附金	320,000円
③	①及び②以外の寄附金	1,550,000円

⑵　当社の当期末現在の資本構成は次のとおりである。

①	資本金の額	80,000,000円
②	資本準備金の額	20,000,000円
③	利益積立金額	30,000,000円

⑶　当期の別表四仮計の金額は99,223,400円である。

問題45　中小法人等・中小企業者等

⇒ 解答Ｐ.108

【設問１】

中小法人等とは、普通法人（投資法人、特定目的会社及び受託法人を除く。）のうち資本金の額若しくは出資金の額が１億円以下であるもの（100％子会社等（大法人による完全支配関係があるもの等）を除く。）又は資本若しくは出資を有しないもの、公益法人等、協同組合等、人格のない社団等をいう。

その中小法人等の当期（令和６年４月１日から令和７年３月31日までの事業年度）において適用される税制について、次の空欄に当てはまる語句を下記の【語群】から選びなさい。

税　　制	取　扱　い
法人税の軽減税率	年800万円以下（　Ａ　）
留保金課税（特定同族会社の特別税率）	（　Ｂ　）
交際費等の損金不算入の定額控除限度額	（　Ｃ　）
欠損金の繰戻還付	（　Ｄ　）
欠損金の繰越控除（損金算入限度額）	（　Ｅ　）が損金算入限度額となる
貸倒引当金の損金算入	（　Ｄ　）

【語　群】

ア：適用可　　イ：不適用　　ウ：所得金額　　エ：年800万円の適用可　　オ：15％

【設問２】

中小企業者等について、次の空欄に当てはまる語句を下記の【語群】から選びなさい。

――― 中小企業者等 ―――

資本金の額又は出資金の額が（　Ｆ　）以下の法人のうち次に掲げる法人以外の法人をいう。

・同一の大規模法人に発行済株式総数等の（　Ｇ　）以上を所有されている法人

・複数の大規模法人に発行済株式総数等の（　Ｈ　）以上を所有されている法人

（注）　大規模法人とは次に掲げる法人をいう。

・資本金の額又は出資金の額が（　Ｆ　）超の法人

・大法人（資本金の額又は出資金の額が５億円以上の法人その他一定の法人をいう。）との間にその大法人による完全支配関係がある普通法人

・完全支配関係がある複数の大法人に発行済株式等の全部を保有されている普通法人

【語　群】

ア：１億円　　イ：$\frac{2}{3}$　　ウ：$\frac{1}{2}$

問題46　法人の分類

⇒ 解答Ｐ.108

法人税法上の内国法人の種類について、次の空欄に当てはまる語句を下記の【語群】から選びなさい。

（　Ａ　）	意義	国・地方公共団体の全額出資により、公共性の著しい事業を行う法人（法人税法別表第一に掲げる法人）
	具体例	株式会社日本政策金融公庫、土地改良区、土地改良区連合など
（　Ｂ　）	意義	一般社団法人及び一般財団法人に関する法律及び公益社団法人及び公益財団法人の認定等に関する法律に規定する法人及びこれに類する公益的事業を営むことを目的とする法人（法人税法別表第二に掲げる法人）
	具体例	農業共済組合、農業共済組合連合会、農業信用基金協会など
（　Ｃ　）	意義	通常の営利を目的とする法人
	具体例	株式会社、合名会社、合資会社、合同会社、農事組合法人（組合員に確定給与を支給するもの）など
（　Ｄ　）	意義	消費者・農民などの各自の生活又は事業改善のために、協同事業を行う組織（法人税法別表第三に掲げる法人）
	具体例	農業協同組合（ＪＡ）、農業協同組合連合会（財務大臣が指定したものを除く。）、農事組合法人（組合員に確定給与を支給するものを除く。）など
（　Ｅ　）	意義	法人でない社団又は財団で、代表者又は管理人の定めがあるもの
	具体例	ＰＴＡ、同窓会、同業者団体など

【語　群】

ア：公共法人　　イ：普通法人　　ウ：人格のない社団等　　エ：協同組合等
オ：公益法人等

問題47　法人事業税

⇒ 解答Ｐ.108

法人事業税の課税標準について、次の空欄に当てはまる語句を下記の【語群】から選びなさい。

区分		課税標準
資本金の額１億円超の法人	付加価値割	（ A ）
	資本割	（ B ）
	所得割	（ C ）
資本金の額１億円以下の所得課税法人	所得割	（ C ）
特別法人（注）	所得割	（ C ）

（注）農業協同組合、農業協同組合連合会（特定農業協同組合連合会を除く。）及び農事組合法人など一定の法人をいう。

なお、農地所有適格法人である農事組合法人が行う農業については、法人事業税が（ D ）となる。

【語　群】

ア：資本金の額　　イ：資本金等の額　　ウ：所得　　エ：付加価値額　　オ：非課税
カ：課税

問題48　農業経営基盤強化準備金

⇒ 解答Ｐ.109

次の資料に基づき、青色申告法人である当社（認定農地所有適格法人）の当期（令和６年４月１日から令和７年３月31日までの事業年度）における、農業経営基盤強化準備金の損金算入額を計算しなさい。

なお、計算に当たっては、当社が最も有利となるように、損金算入限度額を計上するものとする。

(1)　当社は当期において、経営所得安定対策として水田活用の直接支払交付金4,000,000円を受け、当期の収益に計上している。

(2)　当社の当期の別表四は次のとおりである。（一部抜粋）

（単位：円）

当期利益又は当期欠損の額		×××
加算	農業経営基盤強化準備金加算	
減算		×××
仮　　計		2,600,000
寄附金の損金不算入額		400,000
総　　計		3,000,000
農業経営基盤強化準備金積立額の損金算入額		△
農用地等を取得した場合の圧縮額の損金算入額		△
所得金額又は欠損金額		

(3)　当社は、損金経理により損金算入額と同額の農業経営基盤強化準備金を繰り入れている。

(4)　認定を受けた農業経営改善計画には、圧縮記帳の対象となる農用地等の取得が予定されているが、当期においては取得していない。

問題49　農用地等の圧縮記帳

⇒ 解答Ｐ．110

次の資料に基づき、青色申告法人である当社（認定農地所有適格法人）の当期（令和６年４月１日から令和７年３月31日までの事業年度）における、農用地等を取得した場合の圧縮額の損金算入額及び減価償却費を計算しなさい。

なお、計算に当たっては、当社が最も有利となるように、損金算入限度額を計上するものとする。

⑴　当社は当期の10月において、認定を受けた農業経営改善計画に基づき9,000,000円のトラクターを取得し、同日より事業の用に供している。

⑵　当社は、農業経営基盤強化準備金を３年間で7,500,000円を積み立てており、⑴に伴いその準備金の全額を取り崩して収益に計上している。

⑶　当社の当期の別表四は次のとおりである。（一部抜粋）

（単位：円）

区分	項目	金額
当期利益又は当期欠損の額		×××
加算	農用地等の圧縮額加算	
減算		×××
仮　　　計		6,000,000
寄附金の損金不算入額		500,000
総　　　計		6,500,000
農業経営基盤強化準備金積立額の損金算入額		△
農用地等を取得した場合の圧縮額の損金算入額		△
所得金額又は欠損金額		

⑷　当社は、損金経理により損金算入額と同額の圧縮損及び減価償却費を計上している。

⑸　償却率等は次のとおりであり、当社は、減価償却資産の償却方法の選定の届出を行ったことはない。

耐用年数	定額法償却率	定率法		
		償却率	改定償却率	保証率
７年	0.143	0.286	0.334	0.08680

問題50　肉用牛免税

⇒ 解答Ｐ．111

【設問１】

法人の肉用牛免税について、次の空欄に当てはまる語句又は数字を答えなさい。

農地所有適格法人が、特定の肉用牛を売却した場合、年間（　Ａ　）頭までの免税対象飼育牛の売却より生じた利益の額を（　Ｂ　）に算入する。

特例の対象となる免税対象飼育牛とは、特定の肉用牛で①売却金額が免税基準価額（肉専用種（　Ｃ　）万円、交雑種（　Ｄ　）万円、乳用種（　Ｅ　）万円）未満のもの、②一定の登録があるもの）をいう。

なお、売却による利益の額は、次のように算定する。

免税対象飼育牛に係る収益の額－(収益に係る（　Ｆ　）＋売却に係る（　Ｇ　）)

【設問２】

次の資料に基づき、青色申告法人である当社（農地所有適格法人）の当期（令和６年４月１日から令和７年３月31日までの事業年度）における、肉用牛売却所得の特別控除額を計算しなさい。

当社は当期において、家畜取引法に規定する家畜市場において、次の当社が飼育した肉用牛を売却している。

品　　種	収益の額	原価の額	経費の額	利益の額
Ａ肉専用種	1,200,000円	420,000円	3,000円	777,000円
Ｂ交雑牛	760,000円	228,000円	2,000円	530,000円
Ｃ乳牛	300,000円	90,000円	2,500円	207,500円

問題51　従事分量配当

⇒ 解答Ｐ.111

次の資料に基づき、従事分量配当制を採用している農事組合法人の当期（令和６年４月１日から令和７年３月31日までの事業年度）における、別表四を作成しなさい。

なお、解答に当たっては、消費税等については考慮する必要はない。

(1)　当期に従事する組合員に対し、従事分量配当金見合いの金額を支給し、次の処理を行っている。

（仮 払 配 当 金）　2,200,000円　（現　金　預　金）　2,200,000円

(2)　当期に係る総会決議において、繰越利益剰余金を財源とした剰余金の配当等が次のとおり決定し、次の処理を行っている。

（繰越利益剰余金）　6,050,000円　（利 益 準 備 金）　550,000円

（仮 払 配 当 金）　2,200,000円

（未 払 配 当 金）　3,300,000円

※　未払配当金は従事分量配当金である。

(3)　当期に係る別表四の一部は次のとおりである。

（単位：円）

区分		総額	処分		
			留保	社外流出	
当期利益又は当期欠損の額		20,000,000		配当	
				その他	
加算					
減算					

問題52　総合問題１

⇒ 解答Ｐ.112

内国法人である甲株式会社（以下「当社」という。）の当期（令和６年４月１日から令和７年３月31日までの事業年度）における、当期純利益等及び所得金額の計算に必要な資料は次のとおりである。これに基づき、当期の確定申告書に記載すべき所得金額又は欠損金額を算定しなさい。

なお、解答に当たっては、次の事項を前提として計算すること。

(1)　税法上適用される方法が２以上ある事項については、当期の法人税額が最も少なくなる方法によるものとする。

(2)　当社は設立第１期から当期まで引き続き青色申告書を提出しており、かつ、必要な申告の記載及び証明書類の添付等の手続きは、すべて適法に行うものとする。

(3)　消費税等については考慮する必要はない。

〔資料〕

一、当期純利益に関する事項

当期純利益　61,583,000円

二、所得の金額の計算に関する事項

１．受取配当等に関する事項

(1)　受取配当等の益金不算入額を計算するための資料は次のとおりであり、当社は、その配当等の額につき収益に計上している。

①	関連法人株式等に係る配当等の額	3,000,000円
②	その他の株式等に係る配当等の額	1,000,000円
③	非支配目的株式等に係る配当等の額	510,000円

(2)　受取配当等の額から控除すべき負債利子の額は120,000円である。

(3)　利子・配当等に課された所得税額は308,342円である。この金額は法人税額から控除される所得税額の対象となるものである。

２．交際費等に関する事項

(1)　当期において支出した交際費等の額は9,450,000円であり、当社は交際費勘定に計上している。また、その全額が損金不算入の対象となる交際費等の額である。

(2)　(1)の中には接待飲食費200,000円が含まれている。

３．寄附金に関する事項

(1)　当期において支出した寄附金の額は次のとおりであり、当社は寄附金勘定に計上している。

①	指定寄附金等	500,000円
②	特定公益増進法人等に対する寄附金	300,000円
③	その他の寄附金	2,300,000円

(2)　寄附金の損金不算入額の計算上使用する、損金算入限度額は次のとおりである。

①	特別損金算入限度額	2,619,375円
②	一般寄附金の損金算入限度額	526,875円

４．その他の税務調整に関する事項

(1)	損金経理をした納税充当金（損金不算入項目）	12,000,000円
(2)	損金経理をした法人税及び地方法人税（損金不算入項目）	9,000,000円
(3)	損金経理をした道府県民税及び市町村民税（損金不算入項目）	1,800,000円
(4)	損金経理をした附帯税等（損金不算入項目）	189,000円
(5)	役員給与の損金不算入額（損金不算入項目）	310,000円
(6)	納税充当金から支出した事業税等の金額（益金不算入項目）	2,850,000円

５．当社の当期末における資本金等の額は12,000,000円（うち、資本金の額10,000,000円、資本準備金の額2,000,000円）であり、株主はすべて個人である。

〔別　　　表　　　四〕

（単位：円）

当期利益又は当期欠損の額		
加算	損金経理をした法人税及び地方法人税（附帯税を除く。）	
	損金経理をした道府県民税及び市町村民税	
	損金経理をした納税充当金	
	損金経理をした附帯税（利子税を除く。）、加算金、延滞金（延納分を除く。）及び過怠税	
	役員給与の損金不算入額	
	交際費等の損金不算入額	
	小　　計	
減算	納税充当金から支出した事業税等の金額	
	受取配当等の益金不算入額	
	小　　計	
仮　　計		
寄附金の損金不算入額		
法人税額から控除される所得税額		
合計・差引計・総計		
所得金額又は欠損金額		

問題53　総合問題２

⇒ 解答Ｐ.115

内国法人である甲農事組合法人（法人税法上の協同組合等に該当する。以下「甲農」という。）は、農業経営基盤強化促進法に規定する農業経営改善計画の認定を受けた農地所有適格法人である。甲農の当期（令和６年４月１日から令和７年３月31日までの事業年度）における、当期純利益等及び法人税額の計算に必要な資料は次のとおりである。これに基づき、当期の確定申告書に記載すべき所得金額又は欠損金額及び当期の確定申告書に記載すべき法人税額を算定しなさい。

〔資料〕

一、資本等及び申告等に関する事項

１．甲農の当期末における資本金等の額は50,000,000円（出資金の額と同額）である。

２．甲農は設立以来青色申告書の提出の承認を受けており、当期においても青色申告書を提出するものとし、法人税の確定申告に当たって必要な申告その他の手続きはすべて適法に行うものとする。

３．所得の金額の計算に当たって２以上の規定の適用があるときには、納付すべき法人税額が少なくなる規定を適用するものとする。

二、当期の確定した決算に関する事項

当期の剰余金処分の内容は次のとおりである。

Ⅰ　当期未処分剰余金		
1　当期純利益金額	50,000,000円	
2　前期繰越剰余金	121,000,000円	
		171,000,000円
Ⅱ　剰余金処分額		
1　利益準備金	1,650,000円	
2　配当金		
出資配当金	4,500,000円	
従事分量配当金	12,000,000円	
3　農業経営基盤強化準備金	2,000,000円	
		20,150,000円
Ⅲ　次期繰越利益金		
		150,850,000円

三、所得の金額の計算に関する事項

１．農業経営基盤強化準備金に関する事項

当期において、経営所得安定対策として畑作物の直接支払交付金2,000,000円を受け、当期の収益に計上している。甲農は、同額を剰余金の処分により、農業経営基盤強化準備金を積み立てている。

２．肉用牛免税に関する事項

当期において、家畜取引法に規定する家畜市場において、甲農が飼育した肉用牛を売却している。この売却に伴い、肉用牛売却所得の特別控除額が5,000,000円であると計算されている。

３．受取配当等に関する事項

(1)　当期における受取配当等の益金不算入額は1,696,000円である。

(2)　当期における利子・配当等に課された所得税額は556,393円である。この金額は法人税額から控除される所得税額の対象となるものである。

４．寄附金に関する事項

当期における寄附金の損金不算入額は431,000円である。

５．その他の税務調整に関する事項

損金経理をした納税充当金（損金不算入項目）　　14,200,000円

〔別　　表　　四〕

（単位：円）

当期利益又は当期欠損の額		
加算		
	小　　計	
減算		
	小　　計	
仮　　計		
寄附金の損金不算入額		
法人税額から控除される所得税額		
合　　計		
差　引　計		
総　　計		
農業経営基盤強化準備金積立額の損金算入額		△
所得金額又は欠損金額		

〔別　　表　　一〕

（単位：円）

<table>
<tr><th colspan="2">区　　分</th><th>税率</th><th>金　額</th><th>計　算　過　程</th></tr>
<tr><td colspan="3">所得金額又は欠損金額</td><td></td><td rowspan="5">〔端数処理〕百円未満切捨</td></tr>
<tr><td rowspan="2">法人税額の計算</td><td>⑴　年800万円以下

⑵　年800万円超</td><td></td><td></td></tr>
<tr><td colspan="2">法　人　税　額</td><td></td></tr>
<tr><td colspan="3">法　人　税　額　計
控　除　税　額
差引所得に対する法人税額</td><td></td></tr>
<tr><td colspan="3">差　引　確　定　法　人　税　額</td><td></td></tr>
<tr><td colspan="3">差　引　確　定　法　人　税　額</td><td></td><td></td></tr>
</table>

問題54　総合問題３

⇒ 解答Ｐ.117

内国法人である甲株式会社（以下「当社」という。）は、農業経営基盤強化促進法に規定する農業経営改善計画の認定を受けた農地所有適格法人である。当社の当期（令和６年４月１日から令和７年３月31日までの事業年度）における、当期純利益等及び法人税額の計算に必要な資料は次のとおりである。これに基づき、当期の確定申告書に記載すべき所得金額又は欠損金額及び当期の確定申告書に記載すべき法人税額を算定しなさい。

(1)　税法上適用される方法が２以上ある事項については、当期の法人税額が最も少なくなる方法によるものとする。

(2)　当社は設立第１期から当期まで引き続き青色申告書を提出しており、かつ、必要な申告の記載及び証明書類の添付等の手続きは、すべて適法に行うものとする。

(3)　消費税等については考慮する必要はない。

〔資料〕

一、当期純利益に関する事項

当期純利益　32,000,000円

二、所得の金額の計算に関する事項

１．農用地等の圧縮記帳に関する事項

当社は、農業経営基盤強化準備金を４年間で合計5,000,000円積み立てている。当期において、農業経営改善計画に基づき、6,600,000円のコンバインを取得し、直ちに事業の用に供している。なお、コンバインの取得に伴い、農業経営基盤強化準備金の全額を取り崩し、収益の額に計上している。また、租税特別措置法第61条の３《農用地等を取得した場合の課税の特例》の適用を受けるために、損金経理直接減額法により、5,000,000円の圧縮損を計上している。

また、当期の所得金額を計算するに当たっては、減価償却費については考慮する必要はない。

２．肉用牛免税に関する事項

当期において、家畜取引法に規定する家畜市場において、当社が飼育した次の肉用牛を売却している。

品　　種	収益の額	原価の額	経費の額	利益の額
Ａ肉専用種	900,000円	300,000円	5,000円	595,000円
Ｂ交雑牛	650,000円	195,000円	4,000円	451,000円

3．受取配当等に関する事項

(1)　当期における受取配当等の益金不算入額は900,000円である。

(2)　当期における利子・配当等に課された所得税額は183,780円である。この金額は法人税額から控除される所得税額の対象となるものである。

4．寄附金に関する事項

当期における寄附金の損金不算入額は540,000円である。

5．その他の税務調整に関する事項

(1)	損金経理をした納税充当金（損金不算入項目）	6,200,000円
(2)	損金経理をした法人税及び地方法人税（損金不算入項目）	3,000,000円
(3)	損金経理をした道府県民税及び市町村民税（損金不算入項目）	1,500,000円
(4)	納税充当金から支出した事業税等の金額（益金不算入項目）	1,200,000円
(5)	役員給与の損金不算入額	500,000円

三、法人額の計算（別表一）に関する事項

中小企業者等の機械等の特別控除額　210,000円

四、当社は中小企業者等に該当する。

〔別　　　表　　　四〕

（単位：円）

当期利益又は当期欠損の額		
加算		
	小　　　計	
減算		
	小　　　計	
仮　　　計		
寄附金の損金不算入額		
法人税額から控除される所得税額		
合　　　計		
差　引　計		
総　　　計		
農用地等を取得した場合の圧縮額の損金算入額		△
所得金額又は欠損金額		

〔別　　表　　一〕

（単位：円）

<table>
<tr><th colspan="2">区　　分</th><th>税率</th><th>金　額</th><th>計　算　過　程</th></tr>
<tr><td colspan="3">所得金額又は欠損金額</td><td></td><td rowspan="10">〔端数処理〕百円未満切捨</td></tr>
<tr><td rowspan="3">法人税額の計算</td><td>(1)　年800万円以下</td><td></td><td></td></tr>
<tr><td>(2)　年800万円超</td><td></td><td></td></tr>
<tr><td colspan="2">法　人　税　額</td><td></td></tr>
<tr><td colspan="3">中小企業者等の機械等の特別控除額</td><td></td></tr>
<tr><td colspan="3">法　人　税　額　計</td><td></td></tr>
<tr><td colspan="3">控　除　税　額</td><td></td></tr>
<tr><td colspan="3">差引所得に対する法人税額</td><td></td></tr>
<tr><td colspan="3">中間申告分の法人税額</td><td></td></tr>
<tr><td colspan="3"></td><td></td></tr>
<tr><td colspan="3">差　引　確　定　法　人　税　額</td><td></td><td></td></tr>
</table>

＜消　費　税＞

問題55　消費税とは・消費税の経理

⇒ 解答Ｐ.119

次の文章の空欄に当てはまる語句として適当な組み合わせを選び、記号で答えなさい。

【設問１】

消費税は、消費一般に広く公平に課税する（　Ａ　）で、最終的な税の負担者を（　Ｂ　）とし、納税義務者を（　Ｃ　）とするものです。

ア．Ａ：直接税　Ｂ：事業者　Ｃ：消費者
イ．Ａ：直接税　Ｂ：消費者　Ｃ：事業者
ウ．Ａ：間接税　Ｂ：事業者　Ｃ：消費者
エ．Ａ：間接税　Ｂ：消費者　Ｃ：事業者

【設問２】

消費税は（　Ｄ　）に係る消費税額から（　Ｅ　）に係る消費税額を控除して計算するのが基本です。このような計算方法による納税を（　Ｆ　）と呼びます。

また、（　Ｇ　）の事務負担を軽減するため、（　Ｈ　）制度が設けられています。

ア．Ｄ：課税売上げ　Ｅ：課税仕入れ等　Ｆ：一般課税
　　Ｇ：大規模事業者　Ｈ：簡易課税
イ．Ｄ：課税売上げ　Ｅ：課税仕入れ等　Ｆ：一般課税
　　Ｇ：中小事業者　Ｈ：簡易課税
ウ．Ｄ：課税仕入れ等　Ｅ：課税売上げ　Ｆ：一般課税
　　Ｇ：中小事業者　Ｈ：簡易課税
エ．Ｄ：課税仕入れ等　Ｅ：課税売上げ　Ｆ：簡易課税
　　Ｇ：大規模事業者　Ｈ：一般課税

【設問３】

消費税の経理処理については、税抜経理方式と税込経理方式があり、どちらの選択も可能であるが、免税事業者については（　Ｉ　）を適用しなければならない。

また、一般課税において仕入税額控除の適用を受けるためには、（　Ｊ　）の事実を記載した帳簿（　Ｋ　）請求書等の保存が必要となる。

ア．Ｉ：税込経理方式　　Ｊ：課税仕入れ等　　Ｋ：及び
イ．Ｉ：税込経理方式　　Ｊ：課税売上げ等　　Ｋ：及び
ウ．Ｉ：税抜経理方式　　Ｊ：課税仕入れ等　　Ｋ：又は
エ．Ｉ：税込経理方式　　Ｊ：課税仕入れ等　　Ｋ：又は

問題56　消費税の課税対象

⇒ 解答Ｐ.119

【設問１】

次に掲げる取引のうち消費税の課税の対象となる取引について、適当な組み合わせを選び、記号で答えなさい。

Ａ　個人事業者である農業者が国内に所有している商品（農作物）を売却した場合
Ｂ　法人が消費者に対して国内に所有している商品（農作物）を無償で譲渡した場合
Ｃ　農業を営む個人事業者が国内に所有している自動車を売却した場合
　　なお、当該自動車は農業には一切使用していない。
Ｄ　法人が国から補助金を収受した場合
Ｅ　法人が海外から果物を輸入した場合

①　ＡとＢ
②　ＢとＤ
③　ＡとＥ
④　ＣとＤ
⑤　ＢとＥ

【設問２】

次に掲げる取引のうち、非課税取引に該当しないものを選び、記号で答えなさい。

ア．農業用地の譲渡
イ．農業用地の貸付け（一時的使用ではない）
ウ．個人事業者が家族で住んでいた住宅の譲渡
エ．耕作用機械の譲渡
オ．法人の事業用資金の預金利息

問題57　消費税の納税義務

⇒ 解答Ｐ.119

【設問１】

次の文章の空欄に入る語句として正しいものを**【語群】**から選択し解答しなさい。

１．その課税期間の基準期間における課税売上高が（　Ａ　）である事業者は消費税の納税義務が免除される。

２．基準期間における課税売上高が（　Ａ　）である事業者であっても、選択により課税事業者となることができる。そのためには、課税事業者を選択したい課税期間の前課税期間中に（　Ｂ　）を提出することが必要となる。

　なお、一度この届出書を提出すると最低（　Ｃ　）は課税事業者を強制されることとなる。

３．基準期間における課税売上高が（　Ａ　）の事業者であっても、特定期間における課税売上高が（　Ｄ　）である場合には課税事業者となる。

　なお、特定期間とは、個人事業者の場合、その年の前年（　Ｅ　）の期間をいい、法人の場合は原則として、その事業年度の前事業年度開始の日以後（　Ｆ　）の期間をいう。

【語　群】

Ａ：500万円以下　　1,000万円以下　　3,000万円以下　　5,000万円以下

Ｂ：消費税課税事業者届出書　　消費税課税事業者選択届出書
　　消費税の納税義務者でなくなった旨の届出書

Ｃ：１年間　　２年間　　３年間

Ｄ：500万円超　　1,000万円超　　3,000万円超　　5,000万円超

Ｅ：１月１日から６月30日まで　　７月１日から12月31日まで
　　１月１日から12月31日まで

Ｆ：３か月　　４か月　　６か月　　９か月

【設問２】

次の文章の空欄に入る語句として正しいものを【語群】から選択し解答しなさい。

1．その事業年度の基準期間がない法人については、その事業年度開始の日の資本金の額または出資の金額が（　Ａ　）である法人は消費税の納税義務が免除されない。

2．その事業年度の基準期間がない法人で、その事業年度開始の日の資本金の額または出資の金額が（　Ｂ　）となる場合でも、（　Ｃ　）となる場合には、納税義務が免除されない。

3．基準期間がない事業年度に含まれる各課税期間中に、（　Ｄ　）の課税仕入れ等を行った場合には、その（　Ｄ　）の課税仕入れ等を行った日の属する課税期間の（　Ｅ　）から原則として（　Ｆ　）は免税事業者になることはできない。

【語　群】

Ａ：500万円以上　　500万円超　　1,000万円以上　　1,000万円超

Ｂ：500万円以下　　500万円未満　　1,000万円以下　　1,000万円未満

Ｃ：特定新規設立法人　　新規設立法人　　新設法人　　特定非営利活動法人

Ｄ：調整対象固定資産　　調整対象流動資産　　調整対象棚卸資産

Ｅ：初日の前日　　初日　　末日　　末日の翌日

Ｆ：１年間　　２年間　　３年間　　４年間

問題58　簡易課税制度

⇒ 解答P.120

簡易課税制度に関する次の記述のうち、正しいものを選び、記号で答えなさい。

ア．簡易課税制度は、消費税簡易課税制度選択届出書を事前に提出していることと、その課税期間の基準期間における課税売上高が２億円以下であることが要件となっている。

イ．簡易課税制度は、実際の課税仕入れ等の税額を計算する必要はなく、課税売上高のみから納付税額を算出することができる。

ウ．簡易課税制度を適用している場合でも、消費税額の還付を受けることができる。

エ．一般課税であっても簡易課税制度であっても、課税仕入れ等に係る消費税額の控除を受けるためには、課税仕入れ等の事実を記載した帳簿及び請求書等の保存が必要である。

オ．簡易課税制度において適用するみなし仕入率は、業種を６つに区分（事業区分）して、第一種事業が90％、第二種事業が80％、第三種事業が70％、第四種事業が60％、第五種事業が50％、第六種事業が40％と定められている。

カ．事業者が行う事業区分については、その課税期間中に行った課税売上げ（課税資産の譲渡等）ごとに行う。

キ．農林漁業は、一般的に第三種事業となるが、食用の農林水産物を生産する農林水産業は第四種事業となる。

ク．耕種農業のうち果樹や園芸については、一般的に一般課税ではなく、簡易課税制度を選択した方が事業者にとって有利である。

ケ．畜産農業及び酪農については、一般的に簡易課税制度ではなく、一般課税の方が事業者にとって有利となる。

問題59　軽減税率制度

⇒ 解答Ｐ．120

【設問１】

下記の空欄に当てはまるものとして最も適切なものを下記の**【語群】**から選択しなさい。

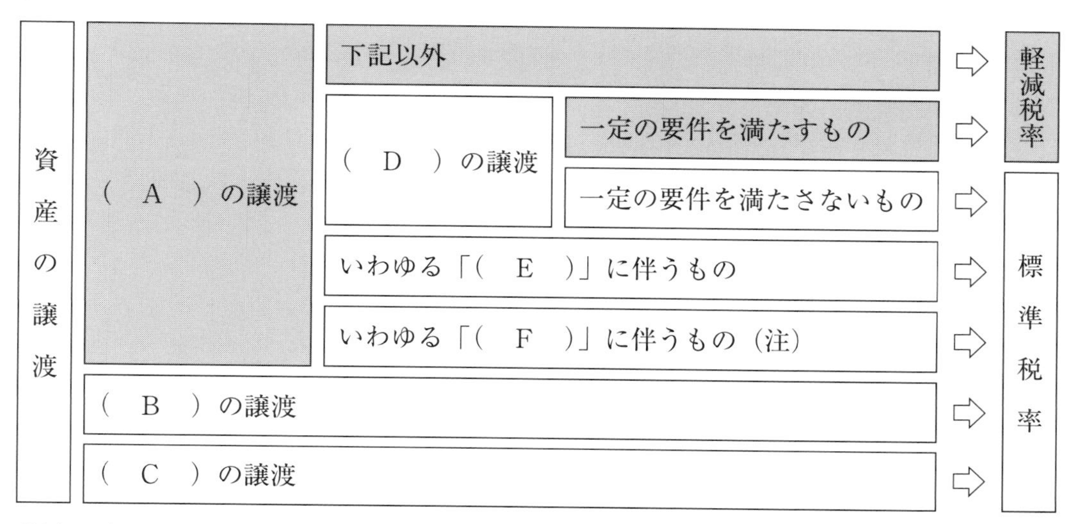

（注）　次に掲げるものは（　Ｇ　）の対象となる。

(1)　店内で調理し、顧客の指定した場所において飲食物を提供する、いわゆる出前・宅配

(2)　有料老人ホームの入居者や小中学校の児童・生徒などに対して行う食事の提供で、一定のもの

【語　群】

①：化粧品　②：日用雑貨品　③：飲食料品　④：食材
⑤：酒税法に規定する酒類　⑥：医薬品、医薬部外品など　⑦：一体資産
⑧：外食　⑨：ケータリング、出張料理　⑩：標準税率　⑪：軽減税率

【設問２】

次に掲げる農畜産物の譲渡のうち、軽減税率の対象となるものを選び記号で答えなさい。

ア．主食用米
イ．飼料用米
ウ．栽培用の野菜の種子
エ．果物
オ．苗木
カ．観賞用の花卉
キ．エディブルフラワー
ク．家畜の原皮
ケ．家畜の内臓
コ．生乳
サ．食用子牛の生体
シ．食用子牛の枝肉

第３章　法人化と経営継承

＜相続税関係＞

問題60　相続による経営承継

⇒ 解答Ｐ.121

以下の文章は、相続による経営承継について概要を示したものである。空欄（　①　）～（　④　）に入る言葉として正しいものを下記の【語群】から選びなさい。

事業を営んでいた者（以下、「被相続人」という。）が死亡した場合には、その被相続人について「個人事業の開廃業等届出書」（廃業）を、相続人については、「個人事業の開廃業等届出書」（開業）を提出することとなる。また、相続人が青色申告をする場合には、（　①　）に加えて、専従者がいる場合には（　②　）を提出することとなる。

相続人が青色申告をする場合の（　①　）の提出期限は、相続がその年の８月31日以前のときは相続の日から（　③　）か月以内、相続がその年の９月１日から10月31日の間であるときはその年の12月31日、相続がその年の11月１日以後であるときは翌年２月15日までとなる。

消費税については、相続があった年の基準期間（前々年）における被相続人の課税売上高が（　④　）を超える場合、相続があった日の翌日以後その年分の相続人の納税義務は免除されない。

【語　群】

ア：所得税の青色申告承認申請書　　イ：所得税の青色申告承認届出書

ウ：青色事業専従者給与に関する申請書　　エ：青色事業専従者給与に関する届出書

オ：２　　カ：４　　キ：６　　ク：８　　ケ：10　　コ：1,000万円

サ：3,000万円　　シ：5,000万円　　ス：１億円

①＿＿＿＿　②＿＿＿＿　③＿＿＿＿　④＿＿＿＿

問題61　各人の相続税の課税価格の計算

⇒ 解答Ｐ.121

次の設例に基づき、各相続人の相続税の課税価格を計算しなさい。

〈設　例〉

1．被相続人甲は令和６年11月３日に死亡したが、その相続人は配偶者乙及び子Ａである。

2．被相続人甲の遺産300,000,000円は、配偶者乙及び子Ａが相続により次のとおり取得した。

　配偶者乙　　200,000,000円

　子Ａ　　　　100,000,000円

3．被相続人甲に係る控除可能な債務の額は、10,000,000円であり、すべて配偶者乙が負担した。

4．被相続人甲に係る控除可能な葬式費用の額は、5,000,000円であり、すべて子Ａが負担した。

5．配偶者乙及び子Ａは、被相続人甲から生前において、次のとおり財産の贈与を受けていた。

贈与年月日	受贈者	贈与財産	贈与時の時価	備　考
平成29年10月２日	配偶者乙	動産	2,000,000円	
令和４年６月10日	子Ａ	上場株式	30,000,000円	（注）
令和６年２月15日	配偶者乙	現金	5,000,000円	

（注）　子Ａは令和４年分の被相続人甲からの贈与につき、相続時精算課税の適用を受けている。

［配偶者乙の相続税の課税価格］

［子Ａの相続税の課税価格］

問題62　遺産に係る基礎控除額

⇒ 解答Ｐ.122

次の【家族構成】に基づき、(1)から(4)の場合の相続税の基礎控除額を計算しなさい。なお、特に記載がない限り、被相続人の相続に関し、相続を放棄した者はいないものとする。

(1)

【家族構成】

甲：被相続人

乙：甲の配偶者

Ａ：甲の長男（実子）

Ｂ：甲の長女（実子）

Ｃ：甲の次男（実子）

Ｄ：甲の次女（実子）

---

(2)

【家族構成】

甲：被相続人

乙：甲の配偶者

Ａ：甲の長女（実子）

Ｂ：甲の次女（実子）

Ｃ：甲の長男（養子）

---

(3)

【家族構成】

甲：被相続人

乙：甲の配偶者

なお、乙は、甲の死亡時において既に死亡している。

A：甲の長男（養子）

B：甲の長女（養子）

C：甲の次女（養子）

---

(4)

【家族構成】

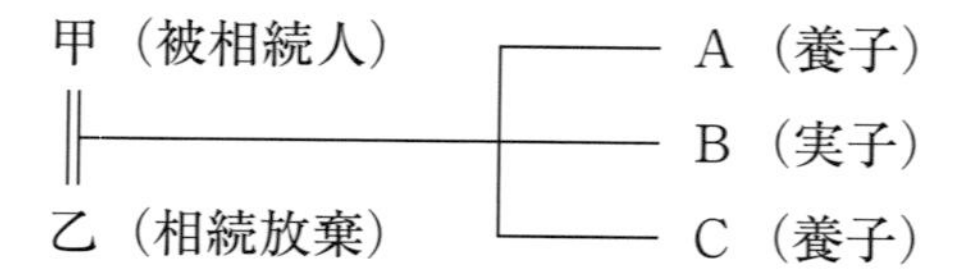

問題63　相続税額の２割加算

⇒ 解答Ｐ.122

次の設例に基づいて相続税額の２割加算の対象者及びその加算額を計算しなさい。

・被相続人甲の配偶者乙　　　　　算出相続税額：7,850,000円
（被相続人甲から相続により財産を取得している。）

・被相続人甲の子Ａ　　　　　算出相続税額：2,500,000円
（被相続人甲から相続により財産を取得している。）

・被相続人甲の子Ｂ　　　　　算出相続税額：1,000,000円
（被相続人甲から相続により財産を取得している。）

・被相続人甲の孫Ｃ　　　　　算出相続税額：1,500,000円
（孫Ｃは、子Ａの子であり、被相続人甲から遺贈により財産を取得している。）

・被相続人甲の父　　　　　算出相続税額：700,000円
（被相続人甲から遺贈により財産を取得している。）

・被相続人甲の友人丙　　　　　算出相続税額：300,000円
（被相続人甲から遺贈により財産を取得している。）

相続税額の２割加算の対象者	加　　算　　額

問題64　贈与税の計算（暦年課税）

⇒ 解答Ｐ.123

次の⑴から⑷に基づき、令和６年分の各人の納付すべき贈与税額を計算しなさい。

なお、各贈与者及び各受贈者は以前より日本に住所を有し、かつ、日本国籍を有しており、日本国外に住所を有していたことはない。

また、相続時精算課税の選択をしている者はいないものとし、下記の受贈者の年齢は、令和６年１月１日における年齢である。特例税率の適用を受けられる者は、その適用を受けるものとする。

⑴　Ａ（30歳）は、兄から令和６年７月１日に現金2,000,000円、Ａの配偶者から同年10月15日に動産3,000,000円の贈与を受けた。

⑵　Ｂ（16歳）は、父から令和６年８月25日に日本国債10,000,000円の贈与を受けた。

⑶　Ｃ（23歳）は、母から令和６年７月23日に上場株式1,000,000円の贈与を受けた。

⑷　Ｄ（35歳）は、祖父から令和６年10月15日に土地30,000,000円の贈与を受けた。

贈与税の速算表

<table>
<tr><th rowspan="2">基礎控除後の課税価格</th><th colspan="2">一般税率</th><th colspan="2">特例税率</th></tr>
<tr><th>税率</th><th>控除額</th><th>税率</th><th>控除額</th></tr>
<tr><td>200万円以下</td><td>10％</td><td>―</td><td>10％</td><td>―</td></tr>
<tr><td>300万円以下</td><td>15％</td><td>10万円</td><td rowspan="2">15％</td><td rowspan="2">10万円</td></tr>
<tr><td>400万円以下</td><td>20％</td><td>25万円</td></tr>
<tr><td>600万円以下</td><td>30％</td><td>65万円</td><td>20％</td><td>30万円</td></tr>
<tr><td>1,000万円以下</td><td>40％</td><td>125万円</td><td>30％</td><td>90万円</td></tr>
<tr><td>1,500万円以下</td><td>45％</td><td>175万円</td><td>40％</td><td>190万円</td></tr>
<tr><td>3,000万円以下</td><td>50％</td><td>250万円</td><td>45％</td><td>265万円</td></tr>
<tr><td>4,500万円以下</td><td rowspan="2">55％</td><td rowspan="2">400万円</td><td>50％</td><td>415万円</td></tr>
<tr><td>4,500万円超</td><td>55％</td><td>640万円</td></tr>
</table>

問題65　贈与税の計算（相続時精算課税）

⇒ 解答Ｐ.124

次の⑴から⑷に基づき、令和６年分の各人の納付すべき贈与税額を計算しなさい。

なお、各贈与者及び各受贈者は以前より日本に住所を有し、かつ、日本国籍を有しており、日本国外に住所を有していたことはない。

また、各受贈者は、相続時精算課税の適用を受けるための要件は満たしており、相続時精算課税の適用を受けるものとする。

⑴　Ａは、父から令和６年４月５日に現金30,000,000円の贈与を受けた。

⑵　Ｂは、母から令和６年９月20日に上場株式15,000,000円の贈与を受けた。

⑶　Ｃは、祖父から令和６年３月６日に土地28,500,000円の贈与を受けた。

⑷　Ｄは、祖母から令和６年12月19日に農業用機械3,000,000円の贈与を受けた。なお、Ｄは、令和３年にも祖母から土地24,000,000円の贈与を受けており、当該贈与につき、相続時精算課税の適用を受けている。

問題66　農地等を贈与した場合の贈与税の納税猶予制度

⇒ 解答Ｐ.124

下記の表は、農地等を贈与した場合の贈与税の納税猶予制度の特徴についてまとめたものである。(1)から(10)に当てはまる記号を選択し、表を完成させなさい。なお、同じ記号を複数回使用しても良い。

手続き		生前一括贈与
贈与者の要件	対象者	(1)
	年齢要件	(2)
	適用を除外される場合	過去に推定相続人に農地を贈与し相続時精算課税の適用を受けた場合
		対象年に今回の贈与以外に農地等を贈与した場合
		(3)
受贈者の要件	対象者	(4)
	年齢要件	(5)
	従事要件	(6)
	経営要件	速やかにその農地及び採草放牧地によって農業経営を行う。（平成28年４月以後の贈与については、認定農業者等に限る。）
農地等の要件		「農地等の (7) 」、「採草放牧地の (8) 」及び「準農地の (9) 」について一括して贈与
不動産取得税		(10)

【記　号】

ア．１年以上農業を営んでいた者
イ．３年以上農業を営んでいた者
ウ．なし
エ．60歳以上
オ．過去に農地等の贈与税の納税猶予の特例に係る一括贈与を行った場合
カ．推定相続人
キ．相続人
ク．18歳以上（贈与を受けた年の１月１日）
ケ．18歳以上（贈与を受けた日）
コ．20歳以上（贈与を受けた年の１月１日）
サ．20歳以上（贈与を受けた日）
シ．贈与を受けた日まで引き続き１年以上農業に従事
ス．贈与を受けた日まで引き続き３年以上農業に従事
セ．全部
ソ．２分の１以上の面積のもの
タ．３分の２以上の面積のもの
チ．通常通り負担
ツ．徴収猶予制度あり

(1)＿＿＿＿　(2)＿＿＿＿　(3)＿＿＿＿　(4)＿＿＿＿　(5)＿＿＿＿

(6)＿＿＿＿　(7)＿＿＿＿　(8)＿＿＿＿　(9)＿＿＿＿　(10)＿＿＿＿

問題67　取引相場のない株式の評価

⇒ 解答Ｐ．125

次の設例に基づいて、それぞれの取引相場のない株式の原則的評価方式による評価額を求めなさい。

〈設例１〉

配偶者乙は、被相続人甲（本年11月20日死亡）からＸ社株式30,000株を相続により取得した。なお、配偶者とその同族関係者の議決権割合は、80％である。

⑴　Ｘ社は、取引相場のない株式の評価上「大会社」に該当する。

⑵　Ｘ社の１株当たりの類似業種比準価額　650円

⑶　Ｘ社の１株当たりの純資産価額（相続税評価額）　700円

〈設例２〉

子Ａは、被相続人甲（本年３月６日死亡）からＹ社株式10,000株を相続により取得した。なお、子Ａとその同族関係者の議決権割合は、100％である。

⑴　Ｙ社は、取引相場のない株式の評価上「小会社」に該当する。

⑵　Ｙ社の１株当たりの類似業種比準価額　400円

⑶　Ｙ社の１株当たりの純資産価額（相続税評価額）　500円

解　答　編

第１章　決算と申告

＜会　　計＞

問題１　会計（貸借対照表）

〔解答〕

Ａ：財政状態　　Ｂ：借方　　Ｃ：貸方　　Ｄ：決算日　　Ｅ：流動資産
Ｆ：有形固定資産　　Ｇ：流動負債　　Ｈ：資本金　　Ｉ：生物　　Ｊ：育成仮勘定
Ｋ：経営保険積立金

問題２　会計（損益計算書）

〔解答〕

Ａ：経営成績　　Ｂ：費用及び収益　　Ｃ：売上総利益　　Ｄ：営業利益
Ｅ：経常利益　　Ｆ：当期利益　　Ｇ：法人　　Ｈ：個人

問題３　会計（決算）

〔解答〕

Ａ：期末　　Ｂ：育成費用　　Ｃ：製造原価　　Ｄ：減価償却

問題４　勘定科目

〔解答〕

Ａ：オ、ク　　Ｂ：コ　　Ｃ：ア　　Ｄ：イ、キ、ケ　　Ｅ：エ、シ　　Ｆ：ウ
Ｇ：カ、サ

問題５　減価償却１

〔解答〕

建物Ａ（旧定額法）	$8,500,000 \times 0.9 \times 0.026 = 198,900$
機械装置Ｂ（200％定率法）	$145,279 \times 0.286 = 41,550$（１円未満切上）
建物Ｃ（定額法）	$5,000,000 \times 0.026 = 130,000$
器具備品Ｄ（200％定率法）	$350,000 \times 0.250 \times \frac{2}{12} = 14,584$（１円未満切上）
構築物Ｅ（少額減価償却資産）	$87,000 < 100,000$　　$\therefore 87,000$
牛（定額法）	$600,000 \times 0.167 \times \frac{7}{12} = 58,450$
柑橘樹（定額法）	$220,000 \times 0.034 = 7,480$

問題６　減価償却２

〔解答〕

建物Ａ（旧定額法）	$4,250,000 \times 0.9 \times 0.033 = 126,225$
構築物Ｂ（償却可能限度額）	$(350,000 \times 5\% - 1) \times \frac{12}{60} = 3,500$（１円未満切上）
機械装置Ｃ（200％定率法）	$(2,300,000 + 20,000) \times 0.286 \times \frac{9}{12} = 497,640$
車両Ｄ（定額法）	$970,000 \times 0.250 = 242,500$
器具備品Ｅ（一括償却資産）	$156,000 \times \frac{12}{36} = 52,000$
馬（定額法）	$500,000 \times 0.167 \times \frac{3}{12} = 20,875$
桃樹	本年中に成熟の樹齢に達していないため減価償却は行わない。

問題７　減価償却３

〔解答〕

乳用牛　$800,000 \times 0.250 \times \frac{4}{12} = 66,667$（１円未満切上）

ぶどう樹　$700,000 \times 0.067 \times \frac{7}{12} = 27,359$（１円未満切上）

備品　$500,000 \times 0.125 \times \frac{4}{12} = 20,834$（１円未満切上）

〔解説〕

牛、果樹等の生物については、生物がその成熟の年齢又は樹齢に達した月から減価償却を行う。また、備品について年の中途に事業の用に供した場合には、事業の用に供した月から減価償却を行う。

問題８　減価償却４

〔解答〕

【設問１】

応接セット（少額減価償却資産（30万円未満））	162,000円
事務机（少額減価償却資産（30万円未満））	180,000円
冷蔵庫（少額減価償却資産（30万円未満））	144,000円
その他の器具備品（少額減価償却資産（10万円未満））	300,000円

【設問２】

応接セット・事務机・冷蔵庫（一括償却資産）

（注）
$486,000円\times\frac{12}{36}=162,000円$

（注）　162,000円＋180,000円＋144,000円＝486,000円

その他の器具備品（少額減価償却資産（10万円未満））

300,000円

〔解説〕

【設問１】

問題の前提から、中小企業者等に該当する。

したがって、応接セット、事務机、冷蔵庫は取得価額が30万円未満のため、少額減価償却資産（30万円未満）の特例の適用を受けることができる。

ただし、少額減価償却資産（30万円未満）の特例は、その少額減価償却資産（取得価額が10万円未満のものを除く。）の取得価額の合計額のうち年300万円が限度となることに留意すること。

$486,000円\leqq3,000,000円\times\frac{12}{12}=3,000,000円$

問題９　減価償却５

〔解答〕

器具備品（電子計算機）（少額減価償却資産（30万円未満））

2,860,000円

器具備品（応接セット）（200％定率法）

$$210,000円 \times 0.250 \times \frac{2}{12} = 8,750円$$

〔解説〕

器具備品（電子計算機）の取得価額2,860,000円に器具備品（応接セット）の取得価額210,000円を加えると、取得価額の合計額が3,070,000円となるため、応接セットについては少額減価償却資産（30万円未満）の特例の適用を受けることができず、通常の減価償却を行う（取得価額が20万円以上であるため、一括償却資産の損金算入の適用も受けることができない。）こととなる。

問題10　減価償却６

〔解答〕

機械装置Ａ（200％定率法（改定償却））

(1)　$\overset{改定取得価額}{864,000円} \times \overset{改定償却率}{0.500} = 432,000円$

(2)　$\overset{期首簿価}{432,000円} - 1円 = 431,999円$

(3)　(1)＞(2)　　∴431,999円

機械装置Ｂ（200％定率法（特別償却））

$$\overset{普通償却}{(9,500,000円 \times 0.333 \times \frac{6}{12})} + \overset{特別償却}{(9,500,000円 \times 30\%)} = 4,431,750円$$

機械装置Ｃ（200％定率法）

$$1,900,000円 \times \overset{(注)}{0.286} \times \frac{10}{12} = 452,833円$$（１円未満切捨）

（注）（10年－３年）＋３年×20％＝7.6年→７年　　∴0.286

建物（定額法）

$$(24,900,000円 - \overset{圧縮損}{16,500,000円}) \times 0.020 \times \frac{12}{12} = 168,000円$$

問題11　国庫補助金等（圧縮記帳）

〔解答〕

建物

⑴　圧縮損

16,300,000＜25,000,000　∴16,300,000

⑵　減価償却費

$(25{,}000{,}000-16{,}300{,}000)\times 0.020\times \frac{12}{12}=174{,}000$

〔解説〕

⑴　圧縮記帳

圧縮損、圧縮積立金の額は、「国庫補助金等の額と目的資産の取得価額とのいずれか小さい金額」となる。

「国庫補助金等の額≧目的資産の取得価額」の場合は「目的資産の取得価額－１円」が圧縮損、圧縮積立金の額となる。

⑵　損金経理と剰余金処分経理との関係

損金経理の場合には、損益計算書に圧縮損が計上されているが、剰余金処分経理の場合には、損益計算書に圧縮損が計上されていないため、別表四で圧縮積立金認定損（減・留）の税務調整を行ったうえで、圧縮記帳の計算を行うこととなる。

① 損金経理の場合

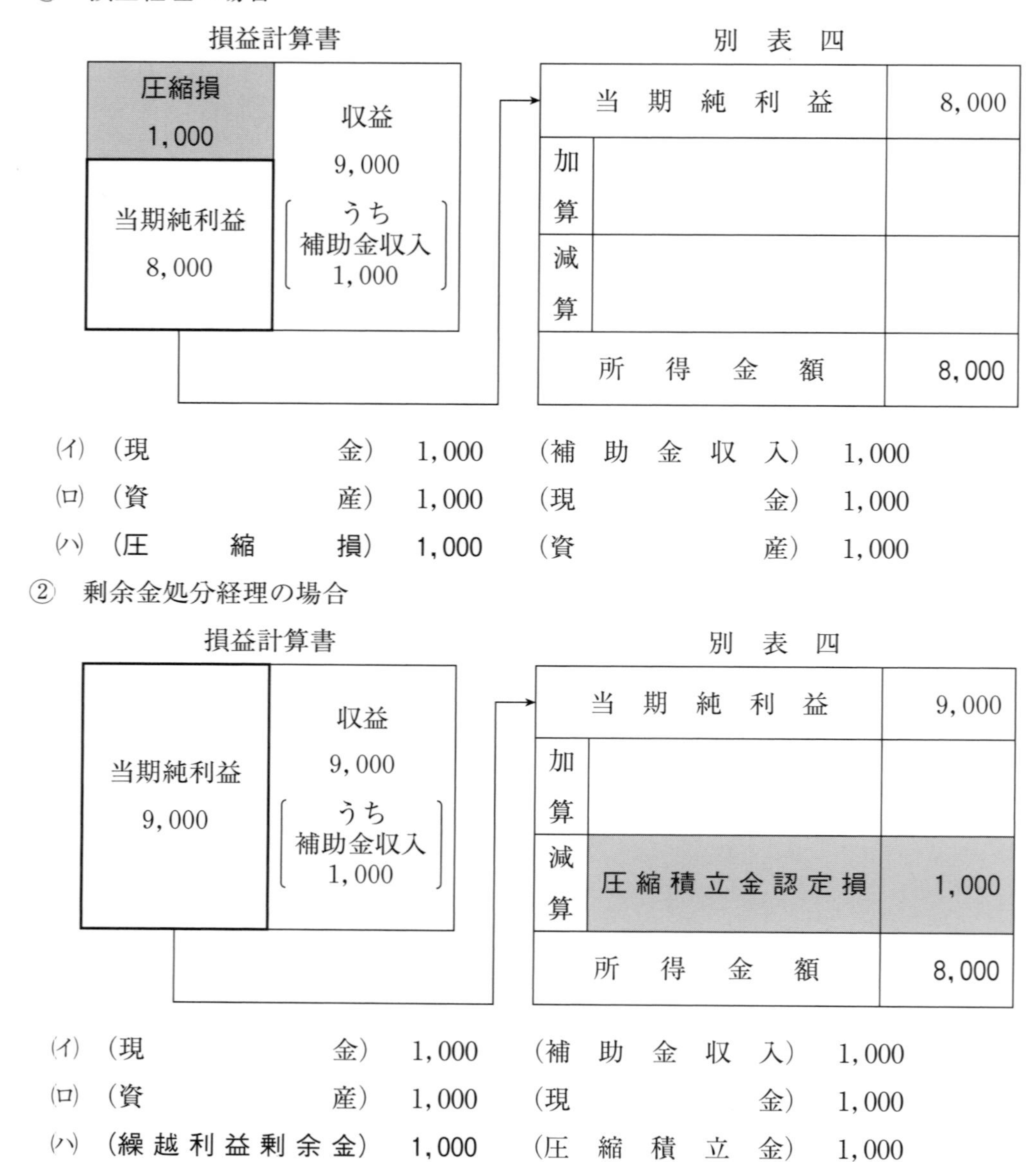

(イ)（現　　　　金）1,000　（補助金収入）1,000
(ロ)（資　　　　産）1,000　（現　　　金）1,000
(ハ)（圧　縮　損）1,000　（資　　　産）1,000

② 剰余金処分経理の場合

(イ)（現　　　　金）1,000　（補助金収入）1,000
(ロ)（資　　　　産）1,000　（現　　　金）1,000
(ハ)（繰越利益剰余金）1,000　（圧縮積立金）1,000

問題12　役員給与（定期同額給与）

〔解答〕

Ａ：１月以下　　Ｂ：同額　　Ｃ：３月　　Ｄ：職制上の地位の変更
Ｅ：職務の内容の重大な変更　　Ｆ：減額　　Ｇ：おおむね一定

第２章　利益や取引への課税

＜所　得　税＞

問題13　各種所得の金額１

〔解答〕

A：ウ　B：ア　C：エ　D：イ

問題14　各種所得の金額２

〔解答〕

A：オ　B：ト　C：ケ　D：サ　E：タ　F：ア　G：チ　H：カ
I：ソ　J：キ　K：ツ

※　C、D及びI、Jはそれぞれ順不同

問題15　各種所得の金額３

〔解答〕

A：ウ　B：シ　C：ク　D：ケ　E：エ　F：セ　G：チ　H：オ
I：チ

問題16　資産の譲渡

〔解答〕

分離長期譲渡所得　譲渡損益

22,000,000－(8,500,000＋660,000)＝12,840,000

総合短期譲渡所得　(1)　譲渡損益

2,500,000－(600,000＋50,000)＝1,850,000

(2)　特別控除

1,850,000－500,000＝1,350,000

事業所得　(1)　総収入金額　1,300,000

(2)　必要経費　700,000＋40,000＝740,000

(3)　(1)－(2)＝560,000

問題17　収穫基準１

〔解答〕

Ａ：収穫　　Ｂ：総収入金額　　Ｃ：生産者販売価額　　Ｄ：取得

問題18　収穫基準２

〔解答〕

農業所得の総収入金額

5,000,000＋500,000－300,000＝5,200,000

〔解説〕

収穫基準による場合、期末農産物棚卸高は収穫価額で評価されて総収入金額に算入される。一方、期首農産物棚卸高は、その年分の総収入金額から控除される。

問題19　収穫基準３

〔解答〕

農業所得の総収入金額

8,000,000＋250,000＋200,000－400,000＝8,050,000

〔解説〕

農産物について自家消費をした場合には、消費した農産物の通常他に販売する価額を消費した年の総収入金額に算入する。

問題20　肉用牛免税１

〔解答〕

Ａ：100　　Ｂ：80　　Ｃ：50　　Ｄ：1,500　　Ｅ：５

問題21　肉用牛免税２

〔解答〕

(1)　肉用牛

$\overset{(注)}{2,000,000,000} \times 5\% = 100,000,000$

（注）　$\overset{A}{700,000} \times (2,000頭 - 1,500頭) + \overset{B}{1,200,000} \times 1,000頭 + \overset{C}{900,000}$
$\times 500頭 = 2,000,000,000$

(2)　その他

$\overset{(注)}{4,000,000} \times 20\% - 427,500 = 372,500$

（注）　$5,000,000 - 1,000,000 = 4,000,000$

(3)　$(1) + (2) = 100,372,500$

〔解説〕

甲が飼育・販売する肉用牛のうち、品種Ｂ・Ｃは１頭当たりの売却金額が免税基準価額（肉専用種100万円・交雑種80万円）以上のため、免税の対象とはならない。また、品種Ａは免税対象飼育牛となるが、1,500頭を超えるものは免税の対象とはならない。

問題22　従事分量配当

〔解答〕

【設問１】

Ａ：農事組合法人　　Ｂ：従事した程度　　Ｃ：事業　　Ｄ：配当　　Ｅ：源泉徴収

【設問２】

Ｆ：利用分量配当　　Ｇ：従事分量配当　　Ｈ：出資配当　　Ｉ：普通法人
Ｊ：協同組合等　　Ｋ：損金の額　　Ｌ：事業所得（農業所得）
※　Ｆ～Ｈは順不同

問題23　所得控除１

〔解答〕

Ａ：270,000円　Ｂ：350,000円　Ｃ：270,000円　Ｄ：270,000円
Ｅ：400,000円　Ｆ：750,000円　Ｇ：380,000円　Ｈ：630,000円
Ｉ：480,000円　Ｊ：580,000円　Ｋ：480,000円

問題24　所得控除２

〔解答〕

Ａ：380,000円　Ｂ：320,000円　Ｃ：130,000円

問題25　個人住民税

〔解答〕

Ａ：エ　Ｂ：ウ　Ｃ：カ　Ｄ：オ　Ｅ：ソ　Ｆ：キ　Ｇ：ク
Ｈ：ス　Ｉ：チ　Ｊ：ツ

問題26　個人事業税

〔解答〕

Ａ：事業所等　Ｂ：都道府県　Ｃ：賦課課税　Ｄ：前年
Ｅ：いずれにも該当しない

問題27　租税特別措置法の特別控除

〔解答〕

１：2,000万円　２：1,500万円　３：800万円　４：5,000万円

問題28　農業経営基盤強化準備金１

〔解答〕

【設問１】

A：青色申告　　B：農業用固定資産　　C：認定新規就農者　　D：農地所有適格

【設問２】

E：損金経理

問題29　農業経営基盤強化準備金２

〔解答〕

【設問１】

A：事業所得

【設問２】

B：５　　C：全額　　D：解散　　E：取得価額　　F：取得価額

G：取り崩した

問題30　農業経営収入保険１

〔解答〕

A：青色　　B：５　　C：簡易　　D：１　　E：収入　　F：必要経費

問題31　農業経営収入保険２

〔解答〕

ア

問題32　総合問題１

〔解答〕

Ⅰ	配当所得	150,000
	給与所得	6,400,000－(6,400,000×20％＋440,000)＝4,680,000
	不動産所得	5,569,000－1,680,800＝3,888,200
	分離長期譲渡所得	1,718,000
	事業所得	1,530,000
	雑所得	330,000
Ⅱ	総所得金額	150,000＋1,530,000＋4,680,000＋3,888,200＋330,000 ＝10,578,200
	長期譲渡所得の金額	1,718,000
	課税標準の合計額	10,578,200＋1,718,000＝12,296,200
Ⅲ	医療費控除	296,250－100,000(注)＝196,250 (注)　12,296,200×５％＞100,000　　∴100,000
	社会保険料控除	542,000
	生命保険料控除	90,000
	地震保険料控除	50,000
	寄附金控除	160,000(注)－2,000＝158,000 (注)　12,296,200×40％≧160,000　　∴160,000
	配偶者控除	12,296,200＞10,000,000　　∴０
	配偶者特別控除	0
	扶養控除	380,000＋480,000＝860,000
	基礎控除	480,000　　12,296,200≦25,000,000　　∴適用あり
	所得控除合計	2,376,250
Ⅳ	課税総所得金額	10,578,200－2,376,250＝8,201,000（千円未満切捨）
	課税長期譲渡所得金額	1,718,000
Ⅴ	算出税額	課総　8,201,000×23％－636,000＝1,250,230 課長　1,718,000×15％＝257,700 合計　1,507,930
	配当控除	8,201,000＋1,718,000≦10,000,000 150,000×10％＝15,000
	復興特別所得税	(1,507,930－15,000)×2.1％＝31,351（円未満切捨）
	源泉徴収税額	30,630＋171,800＝202,430
	申告納税額	1,507,930－15,000＋31,351－202,430＝1,321,800 （百円未満切捨）

問題33　総合問題２

〔解答〕

Ⅰ　配当所得　310,000

不動産所得　5,884,800－2,892,200－650,000＝2,342,600

総合短期譲渡所得
（1）譲渡損益
1,400,000－(999,000＋35,000)＝366,000
（2）特別控除
366,000－366,000(注)＝ 0
（注）　366,000＜500,000　　∴366,000

事業所得
（1）255,000
（2）15,285,600－(7,932,500＋1,000,000)＝6,353,100
（3）(1)＋(2)＝6,608,100

雑所得　144,000

Ⅱ　総所得金額　310,000＋2,342,600＋6,608,100＋144,000＝9,404,700

Ⅲ　医療費控除　(176,220＋192,570)－100,000(注)＝268,790
（注）　9,404,700×５％＞100,000　　∴100,000

社会保険料控除　868,000

配偶者控除　0　（注）　専従者のため適用なし

配偶者特別控除　0　（注）　専従者のため適用なし

扶養控除　580,000

基礎控除　480,000　9,404,700≦25,000,000　　∴適用あり

所得控除合計　2,196,790

Ⅳ　課税総所得金額　9,404,700－2,196,790＝7,207,000（千円未満切捨）

Ⅴ　算出税額　7,207,000×23％－636,000＝1,021,610

配当控除　7,207,000≦10,000,000
310,000×10％＝31,000

復興特別所得税　(1,021,610－31,000)×2.1％＝20,802（円未満切捨）

源泉徴収税額　63,302

申告納税額　1,021,610－31,000＋20,802－63,302＝948,100
（百円未満切捨）

問題34　総合問題３

〔解答〕

Ⅰ　配当所得　36,000＋123,000＝159,000

　　長期譲渡所得　14,800,000－(6,430,000＋20,000)＝8,350,000

　　不動産所得　2,495,000－2,688,300＝△193,300

　　事業所得　8,206,900－6,053,100－650,000＝1,503,800

Ⅱ　総所得金額　△193,300＋(159,000＋1,503,800)＝1,469,500

　　長期譲渡所得の金額　8,350,000

　　課税標準の合計額　9,819,500

Ⅲ　医療費控除　(152,330＋0（注１）)－100,000（注２）＝52,330

　　（注１）　305,100－310,000＜０　∴０

　　（注２）　9,819,500×５％＞100,000　∴100,000

　　社会保険料控除　129,000

　　配偶者控除　500,000＞480,000　∴適用なし

　　配偶者特別控除　130,000　9,819,500≦10,000,000　∴適用あり

　　扶養控除　380,000

　　障害者控除　270,000

　　基礎控除　480,000　9,819,500≦25,000,000　∴適用あり

　　所得控除合計　1,441,330

Ⅳ　課税総所得金額　1,469,500－1,441,330＝28,000（千円未満切捨）

　　課税長期譲渡所得金額　8,350,000－8,000,000＝350,000

Ⅴ　算出税額　課総　28,000×５％＝1,400

　　課長　350,000×15％＝52,500

　　合計　53,900

　　配当控除　28,000＋350,000≦10,000,000

　　159,000×10％＝15,900

　　復興特別所得税　(53,900－15,900)×2.1％＝798（円未満切捨）

　　源泉徴収税額　5,513＋25,116＝30,629

　　申告納税額　53,900－15,900＋798－30,629＝8,100（百円未満切捨）

<法　人　税>

問題35　各事業年度の所得１

〔解答〕

Ａ：オ　Ｂ：シ　Ｃ：ウ　Ｄ：ケ　Ｅ：イ　Ｆ：ク　Ｇ：エ　Ｈ：カ
Ｉ：サ　Ｊ：ア　Ｋ：キ　Ｌ：コ
※　Ｄ～Ｉまで順不同

問題36　各事業年度の所得２

〔解答〕

イ

問題37　別表四

〔解答〕

64,300,000円

問題38　別表一

〔解答〕

ウ

問題39　受取配当等の益金不算入１

〔解答〕

エ

問題40　受取配当等の益金不算入２

〔解答〕

〔受取配当等の益金不算入額〕

(1)　受取配当等の額

①　完全子法人株式等　450,000円（C社株式）

②　関連法人株式等　1,260,000円（B社株式）

③　非支配目的株式等　200,000円（JA）

(2)　控除負債利子

50,400円

(3)　益金不算入額

450,000円＋(1,260,000円－50,400円)＋200,000円×20％＝1,699,600円

〔法人税額から控除される所得税額〕

40,840円＋4,594円＝45,434円

〔解説〕

利子及び配当等に係る所得税額は、法人税額から控除される。この場合、その利子及び配当等が受取配当等の益金不算入の対象か否かを問わない。

その場合の調整方法は次のとおりである。

（単位：円）

〔別表四〕

当期純利益		×××
加算		
	小　計	
減算		
	小　計	
仮　計		
寄附金の損金不算入		
法人税額から控除される所得税額		45,434
所得金額		×××

〔別表一〕

所得金額	
法人税額	
法人税額計	
控除税額	45,434
差引確定法人税額	

同額を記載する

問題41　交際費等の損金不算入１

〔解答〕

Ａ：オ　　Ｂ：ア　　Ｃ：ク　　Ｄ：イ　　Ｅ：サ　　Ｆ：ウ

問題42　交際費等の損金不算入２

〔解答〕

【設問１】

(1)　×　　(2)　○　　(3)　○　　(4)　×　　(5)　×　　(6)　○

【設問２】

問１　接待飲食費の額

500,000円(注１)＋84,000円(注２)＋365,000円＝949,000円

（注１）　$\frac{500,000円}{20人}$＝25,000円＞10,000円　　∴交際費

（注２）　$\frac{84,000円}{7人}$＝12,000円＞10,000円　　∴交際費

問２　接待飲食費損金算入基準額

949,000円×50％＝474,500円

〔解説〕

【設問２】

(3)について、支店は同じ法人格となるため、同じ法人格内で行った飲食等の行為は「社内飲食費」に該当する。したがって、交際費等に該当するが、接待飲食費の額には含まれない。この場合、１人当たりの支出額が10,000円を超えているか否かは関係ない（金額判定はしない）。

問題43　交際費等の損金不算入３

〔解答〕

〔交際費等の損金不算入額〕

(1)　支出交際費額

19,450,000円 − 400,000円（慰安旅行） − 150,000円（カレンダー） − 320,000円（会議費） − 350,000円（運動会） ＝ 18,230,000円

（注）　$\frac{250,000円}{5人}$ ＝50,000円＞10,000円　　∴交際費

　　　$\frac{180,000円}{12人}$ ＝15,000円＞10,000円　　∴交際費

(2)　損金算入限度額

①　接待飲食費損金算入基準額

（250,000円（クラブ接待） ＋ 180,000円（居酒屋接待） ＋ 300,000円（料亭接待））×50％ ＝365,000円

②　定額控除限度額

8,000,000円 × $\frac{12}{12}$ ＝8,000,000円

③　①<②　　∴8,000,000円

(3)　損金不算入額

(1)−(2)＝10,230,000円

問題44　寄附金の損金不算入

〔解答〕

【設問１】

Ａ：ウ　　Ｂ：カ　　Ｃ：オ　　Ｄ：エ　　Ｅ：ア　　Ｆ：イ

【設問２】

〔寄附金の損金不算入額〕

(1)　支出寄附金総額

①　指定寄附金等　180,000円

②　特定公益増進法人等に対する寄附金　320,000円

③　その他の寄附金　1,550,000円

④　①＋②＋③＝2,050,000円

(2)　損金算入限度額

①　特別損金算入限度額

$\{(80,000,000円+20,000,000円)\times\frac{12}{12}\times\frac{3.75}{1,000}+(99,223,400円+2,050,000円\times\frac{6.25}{100})\}\times\frac{1}{2}=3,352,293円$

②　一般寄附金の損金算入限度額

$\{(80,000,000円+20,000,000円)\times\frac{12}{12}\times\frac{2.5}{1,000}+(99,223,400円+2,050,000円\times\frac{2.5}{100})\}\times\frac{1}{4}=695,458円$

(3)　損金不算入額

①　2,050,000円－180,000円－320,000円（注）＝1,550,000円

（注）　320,000円＜3,352,293円　　∴320,000円

②　1,550,000円－695,458円＝854,542円

〔解説〕

寄附金の損金不算入の算定は次のように考える。

（単位：円）

支出寄附金総額

区分	金額		区分	金額	
指　定	180,000		指　定	180,000	➡ 損金
特　定	320,000		限度額（特別）	3,352,293	➡ 特別限度の範囲内　∴損金
その他	1,550,000	支出寄附金合計額 1,550,000	限度額（一般）	695,458	
			損金不算入	854,542	

問題45　中小法人等・中小企業者等

〔解答〕

【設問１】

A：オ　　B：イ　　C：エ　　D：ア　　E：ウ

【設問２】

F：ア　　G：ウ　　H：イ

問題46　法人の分類

〔解答〕

A：ア　　B：オ　　C：イ　　D：エ　　E：ウ

問題47　法人事業税

〔解答〕

A：エ　　B：イ　　C：ウ　　D：オ

問題48　農業経営基盤強化準備金

〔解答〕

農業経営基盤強化準備金積立額の損金算入額

4,000,000円（交付金等の額）＞3,000,000円（総計）－400,000円（寄附金）＝2,600,000円　∴ 2,600,000円（いずれか少ない金額）

〔解説〕

損金経理直接減額法の場合には、次のように記載する。

（単位：円）

区分		金額
当期利益又は当期欠損の額		×××
加算	農業経営基盤強化準備金加算	2,600,000
減算		×××
仮計		2,600,000
寄附金の損金不算入額		400,000
総計		3,000,000
農業経営基盤強化準備金積立額の損金算入額		△ 2,600,000
農用地等を取得した場合の圧縮額の損金算入額		△
所得金額又は欠損金額		400,000

問題49　農用地等の圧縮記帳

〔解答〕

〔農用地等を取得した場合の圧縮額の損金算入額〕

(1)　準備金等益金算入基準額

7,500,000円

(2)　所得基準額

$\overset{\text{総計}}{6,500,000}$円 $-$ $\overset{\text{寄附金損不}}{500,000}$円 $=$ 6,000,000円

(3)　取得価額基準額

9,000,000円 $-$ 1円 $=$ 8,999,999円

(4)　最も少ない金額

6,000,000円

〔減価償却〕

トラクター（200％定率法）　(9,000,000円 $-$ $\overset{\text{圧縮損}}{6,000,000}$円) $\times 0.286 \times \frac{6}{12} =$ 429,000円

〔解説〕

損金経理直接減額法の場合は、次のように記載する。

（単位：円）

区分	項目	金額
当期利益又は当期欠損の額		×××
加算	農用地等の圧縮額加算	6,000,000
減算		×××
仮　計		6,000,000
寄附金の損金不算入額		500,000
総　計		6,500,000
農業経営基盤強化準備金積立額の損金算入額		△
農用地等を取得した場合の圧縮額の損金算入額		△　6,000,000
所得金額又は欠損金額		500,000

問題50　肉用牛免税

〔解答〕

【設問１】

Ａ：1,500　Ｂ：損金の額　Ｃ：100　Ｄ：80　Ｅ：50　Ｆ：原価

Ｇ：経費

【設問２】

肉用牛売却所得の特別控除額　530,000円＋207,500円＝737,500円

〔解説〕

【設問２】

Ａ肉専用種は、収益の額（売却価額）が100万円未満ではないため対象にならない。

問題51　従事分量配当

〔解答〕

（単位：円）

<table>
<tr><th colspan="2" rowspan="2">区　分</th><th rowspan="2">総　額</th><th colspan="3">処　分</th></tr>
<tr><th>留　保</th><th colspan="2">社外流出</th></tr>
<tr><td colspan="2" rowspan="2">当期利益又は当期欠損の額</td><td rowspan="2">20,000,000</td><td rowspan="2">14,500,000</td><td>配　当</td><td></td></tr>
<tr><td>そ の 他</td><td>5,500,000</td></tr>
<tr><td rowspan="2">加算</td><td></td><td></td><td></td><td></td><td></td></tr>
<tr><td></td><td></td><td></td><td></td><td></td></tr>
<tr><td rowspan="2">減算</td><td>従事分量配当の損金算入額</td><td>5,500,000</td><td></td><td></td><td>5,500,000</td></tr>
<tr><td></td><td></td><td></td><td></td><td></td></tr>
</table>

問題52　総合問題１

〔解答〕

（単位：円）

当期利益又は当期欠損の額		61,583,000
加算	損金経理をした法人税及び地方法人税（附帯税を除く。）	9,000,000
	損金経理をした道府県民税及び市町村民税	1,800,000
	損金経理をした納税充当金	12,000,000
	損金経理をした附帯税（利子税を除く。）、加算金、延滞金（延納分を除く。）及び過怠税	189,000
	役員給与の損金不算入額	310,000
	交際費等の損金不算入額	1,450,000
	小　　計	24,749,000
減算	納税充当金から支出した事業税等の金額	2,850,000
	受取配当等の益金不算入額	3,482,000
	小　　計	6,332,000
仮　　計		80,000,000
寄附金の損金不算入額		1,773,125
法人税額から控除される所得税額		308,342
合計・差引計・総計		82,081,467
所得金額又は欠損金額		82,081,467

〔解説〕

(1) 法人の規模

問題資料5より、当社は中小法人であり、かつ、中小企業者等に該当する。したがって、本問では、交際費等の損金不算入額の計算上、定額控除限度額（年800万円）の適用が認められる。

(2) 受取配当等の益金不算入額

次のとおり計算する。

(1) 受取配当等の額
　① 関連法人株式等　3,000,000円
　② その他の株式等　1,000,000円
　③ 非支配目的株式等　510,000円
(2) 控除負債利子
　120,000円
(3) 益金不算入額
　(3,000,000円－120,000円)＋1,000,000円×50%＋510,000円×20%
　＝3,482,000円

(3) 交際費等の損金不算入額

次のとおり計算する。

(1) 支出交際費額
　9,450,000円
(2) 損金算入限度額
　① 接待飲食費損金算入基準額
　　200,000円×50%＝100,000円
　② 定額控除限度額
　　$8,000,000円\times\frac{12}{12}=8,000,000円$
　③ ①＜②　∴8,000,000円
(3) 損金不算入額
　(1)－(2)＝1,450,000円

(4)　寄附金の損金不算入額

次のとおり計算する。

(1)　支出寄附金総額

①　指定寄附金等　500,000円

②　特定公益増進法人等に対する寄附金　300,000円

③　その他の寄附金　2,300,000円

④　①＋②＋③＝3,100,000円

(2)　損金算入限度額

①　特別損金算入限度額

2,619,375円※

※　$\{(\underset{\text{資本金の額}}{10,000,000円}+\underset{\text{資本準備金の額}}{2,000,000円})\times\frac{12}{12}\times\frac{3.75}{1,000}+(\underset{\text{仮計}}{80,000,000円}+\underset{\text{(1)の金額}}{3,100,000円}\times\frac{6.25}{100})\}\times\frac{1}{2}$

②　一般寄附金の損金算入限度額

526,875円※

※　$\{(\underset{\text{資本金の額}}{10,000,000円}+\underset{\text{資本準備金の額}}{2,000,000円})\times\frac{12}{12}\times\frac{2.5}{1,000}+(\underset{\text{仮計}}{80,000,000円}+\underset{\text{(1)の金額}}{3,100,000円}\times\frac{2.5}{100})\}\times\frac{1}{4}$

(3)　損金不算入額

①　3,100,000円－500,000円－300,000円(注)＝2,300,000円

(注)　300,000円＜2,619,375円　∴300,000円

②　2,300,000円－526,875円＝1,773,125円

問題53　総合問題２

〔解答〕

〔別　　表　　四〕

（単位：円）

当期利益又は当期欠損の額		50,000,000
加算	損金経理をした納税充当金	14,200,000
	小　　計	14,200,000
減算	受取配当等の益金不算入額	1,696,000
	従事分量配当の損金算入額	12,000,000
	肉用牛売却所得の特別控除額	5,000,000
	小　　計	18,696,000
仮　　計		45,504,000
寄附金の損金不算入額		431,000
法人税額から控除される所得税額		556,393
合　　計		46,491,393
差　引　計		46,491,393
総　　計		46,491,393
農業経営基盤強化準備金積立額の損金算入額		△　2,000,000
所得金額又は欠損金額		44,491,393

〔別　　表　　一〕

（単位：円）

<table>
<tr><td colspan="3">区　　分</td><td>税率</td><td>金　　額</td><td>計　算　過　程</td></tr>
<tr><td colspan="4">所得金額又は欠損金額</td><td>44,491,393</td><td rowspan="7">(1)　年800万円以下
$8,000,000\times\frac{12}{12}=8,000,000$
（千円未満切捨）
(2)　年800万円超
44,491,393－(1)＝36,491,000
（千円未満切捨）</td></tr>
<tr><td rowspan="3">法人税額の計算</td><td>(1)　年800万円以下</td><td>8,000,000</td><td>15%</td><td>1,200,000</td></tr>
<tr><td>(2)　年800万円超</td><td>36,491,000</td><td>19%</td><td>6,933,290</td></tr>
<tr><td colspan="3">法　人　税　額</td><td>8,133,290</td></tr>
<tr><td colspan="4">法　人　税　額　計</td><td>8,133,290</td></tr>
<tr><td colspan="4">控　除　税　額</td><td>556,393</td></tr>
<tr><td colspan="4">差引所得に対する法人税額</td><td>7,576,800</td></tr>
<tr><td colspan="4"></td><td></td><td>〔端数処理〕百円未満切捨</td></tr>
<tr><td colspan="4">差　引　確　定　法　人　税　額</td><td>7,576,800</td><td></td></tr>
</table>

〔解説〕

(1)　農業経営基盤強化準備金の経理処理について

積立金経理（剰余金処分経理）を採用した場合には、その積立額は当期純利益に反映されていない（損益計算書に計上されない。）。したがって、税務上の損金算入額を総計の下に計上することとなる。

一方、引当金経理（損金経理）の場合には、その引当額が当期純利益に反映されている（損益計算書の費用に計上される。）。したがって、その計上された金額を加算した上で、税務上の損金算入額を総計の下に計上する。

(2)　農業経営基盤強化準備金積立額の損金算入額について

2,000,000円（交付金等の額）＞46,491,393円（総計）－431,000円（寄附金損不）＝46,060,393円　∴ 2,000,000円（いずれか少ない金額）

問題54　総合問題３

〔解答〕

〔別　　表　　四〕

（単位：円）

当期利益又は当期欠損の額		32,000,000
加算	損金経理をした法人税及び地方法人税（附帯税を除く。）	3,000,000
	損金経理をした道府県民税及び市町村民税	1,500,000
	損金経理をした納税充当金	6,200,000
	役員給与の損金不算入額	500,000
	農用地等の圧縮額加算	5,000,000
	小　　計	16,200,000
減算	納税充当金から支出した事業税等の金額	1,200,000
	受取配当等の益金不算入額	900,000
	肉用牛売却所得の特別控除額	1,046,000
	小　　計	3,146,000
仮　　計		45,054,000
寄附金の損金不算入額		540,000
法人税額から控除される所得税額		183,780
合　　計		45,777,780
差　引　計		45,777,780
総　　計		45,777,780
農用地等を取得した場合の圧縮額の損金算入額		△　5,000,000
所得金額又は欠損金額		40,777,780

〔別　　表　　一〕

（単位：円）

区分		税率	金額	計算過程
所得金額又は欠損金額			40,777,780	
法人税額の計算	(1)　年800万円以下 8,000,000	15%	1,200,000	(1)　年800万円以下 $8,000,000 \times \frac{12}{12} = 8,000,000$ （千円未満切捨）
	(2)　年800万円超 32,777,000	23.2%	7,604,264	(2)　年800万円超 40,777,780－(1)＝32,777,000 （千円未満切捨）
	法人税額		8,804,264	
中小企業者等の機械等の特別控除額			210,000	
法人税額計			8,594,264	
控除税額			183,780	
差引所得に対する法人税額			8,410,400	〔端数処理〕百円未満切捨
中間申告分の法人税額			3,000,000	
差引確定法人税額			5,410,400	

〔解説〕

問題の法人が、株式会社（普通法人）であるため、年800万円超の所得金額に係る法人税率は23.2%となることに留意すること。

<消　費　税>

問題55　消費税とは・消費税の経理

〔解答〕

【設問１】　エ

【設問２】　イ

【設問３】　ア

問題56　消費税の課税対象

〔解答〕

【設問１】　③

【設問２】　ウ、エ

問題57　消費税の納税義務

〔解答〕

【設問１】

A：1,000万円以下

B：消費税課税事業者選択届出書

C：２年間

D：1,000万円超

E：１月１日から６月30日まで

F：６か月

【設問２】

A：1,000万円以上

B：1,000万円未満

C：特定新規設立法人

D：調整対象固定資産

E：初日

F：３年間

問題58　簡易課税制度

〔解答〕

イ、オ、カ、ク

〔解説〕

ア．課税期間の基準期間における課税売上高は２億円以下ではなく、5,000万円以下である。

エ．課税仕入れ等に係る消費税額の控除を受けるために、課税仕入れ等の事実を記載した帳簿及び請求書等の保存が必要であるのは一般課税の場合だけである。

キ．食用の農林水産物を生産する農林水産業は第二種事業となる。

ケ．畜産農業は、一般的に一般課税の方が事業者にとって有利となるが、酪農は一般課税が有利な場合と簡易課税制度が有利な場合とがある。

問題59　軽減税率制度

〔解答〕

【設問１】

Ａ：③（飲食料品）　Ｂ：⑤（酒税法に規定する酒類）

Ｃ：⑥（医薬品、医薬部外品など）　※Ｂ、Ｃは順不同　Ｄ：⑦（一体資産）

Ｅ：⑧（外食）　Ｆ：⑨（ケータリング、出張料理）　Ｇ：⑪（軽減税率）

【設問２】

ア、エ、キ、ケ、コ、シ

第３章　法人化と経営継承

＜相続税関係＞

問題60　相続による経営承継

〔解答〕

①：ア　②：エ　③：カ　④：コ

問題61　各人の相続税の課税価格の計算

〔解答〕

［配偶者乙の相続税の課税価格］

200,000,000円－10,000,000円＋5,000,000円＝195,000,000円

［子Ａの相続税の課税価格］

100,000,000円＋30,000,000円－5,000,000円＝125,000,000円

〔解説〕

配偶者乙が平成29年10月２日に被相続人甲から贈与により取得した動産については、※相続開始前３年以内に取得した贈与財産ではないため、加算されない。

子Ａは、被相続人甲からの贈与につき相続時精算課税の適用を受けているが、加算すべき金額は30,000,000円となる。相続税の課税価格計算上は、贈与税の計算における特別控除額（25,000,000円）は控除しないことに留意する。

※　令和５年度の税制改正により、相続税法第19条では「相続開始前７年以内」に被相続人からの贈与により取得した財産が加算対象とされたが、経過措置により「令和６年１月１日から令和８年12月31日まで」の相続については従前どおり、「相続開始前３年以内」に被相続人からの贈与により取得した財産が加算対象となる。

問題62　遺産に係る基礎控除額

〔解答〕

⑴　30,000,000円＋6,000,000円×５（法定相続人の数）＝60,000,000円

⑵　30,000,000円＋6,000,000円×４（法定相続人の数）＝54,000,000円

⑶　30,000,000円＋6,000,000円×２（法定相続人の数）＝42,000,000円

⑷　30,000,000円＋6,000,000円×３（法定相続人の数）＝48,000,000円

〔解説〕

遺産に係る基礎控除額は、「3,000万円＋600万円×法定相続人の数」により求められる。法定相続人とは、相続の放棄をした人がいても、その放棄がなかったものとした場合の相続人をいう。⑷において、甲の配偶者である乙が、甲の相続につき放棄をしているが、この放棄がなかったものとして相続人の数を計算することとなる。

また、養子がいる場合、法定相続人の数に算入できる養子の数については、一定の制限がある。被相続人に実子がいる場合には、法定相続人の数に含められる養子の数は、「１人」までであり、被相続人に実子がいない場合において、法定相続人の数に含められる養子の数は、「２人」までである。

問題63　相続税額の２割加算

〔解答〕

被相続人甲の孫Ｃ

$$1,500,000円 \times \frac{20}{100} = 300,000円$$

被相続人甲の友人丙

$$300,000円 \times \frac{20}{100} = 60,000円$$

〔解説〕

孫Ｃは、被相続人の「配偶者、父母、子供」以外の者であるため、相続税額の２割加算の対象者となる。（子供が被相続人より先に死亡しているときは、孫（その死亡した子供の子）について相続税額の２割加算の対象者とならないが、本問においては、孫Ｃの親である子Ａが生存しているため、孫Ｃは相続税額の２割加算の対象者となる。）

問題64　贈与税の計算（暦年課税）

〔解答〕

(1)　(2,000,000円＋3,000,000円－1,100,000円)×20％－250,000円＝530,000円

(2)　(10,000,000円－1,100,000円)×40％－1,250,000円＝2,310,000円

(3)　1,000,000円－1,100,000円≦０円　　∴０円

(4)　(30,000,000円－1,100,000円)×45％－2,650,000円＝10,355,000円

〔解説〕

(1)　Ａは、兄及びＡの配偶者から贈与を受けているが、兄及びＡの配偶者はいずれもＡの直系尊属ではないことから、一般税率が適用される。

(2)　Ｂは、令和６年１月１日において、18歳未満の者であることから、一般税率が適用される。

(3)　Ｃが贈与を受けた財産の価額が基礎控除額（110万円）以下であるため、納付すべき贈与税額は０円となる。

(4)　Ｄは、直系尊属である祖父から贈与を受けており、令和６年１月１日において、18歳以上の者であることから、特例税率の適用が可能となる。

問題65　贈与税の計算（相続時精算課税）

〔解答〕

(1)　(30,000,000円－1,100,000円－(注)25,000,000円)×20％＝780,000円

　(注)　30,000,000円－1,100,000円＝28,900,000円＞25,000,000円

　∴25,000,000円

(2)　15,000,000円－1,100,000円－(注)13,900,000円＝０円　　∴０円

　(注)　15,000,000円－1,100,000円＝13,900,000円＜25,000,000円

　∴13,900,000円

(3)　(28,500,000円－1,100,000円－(注)25,000,000円)×20％＝480,000円

　(注)　28,500,000円－1,100,000円＝27,400,000円＞25,000,000円

　∴25,000,000円

(4)　(3,000,000円－1,100,000円－(注１)1,000,000円)×20％＝180,000円

　(注１)　3,000,000円－1,100,000円＝1,900,000円

　　＞25,000,000円－(注２)24,000,000円＝1,000,000円　　∴1,000,000円

　　(注２)　24,000,000円＜25,000,000円　　∴24,000,000円

〔解説〕

令和６年１月１日からの贈与より、相続時精算課税に係る贈与についても基礎控除額の控除を行うことに留意する。

(4)　相続時精算課税の計算における特別控除額は、複数年にわたり利用できるが、前年以前において既にこの特別控除額を利用している場合は、2,500万円から既に利用した金額を控除した残額が当年の特別控除額となる。したがって、Dは、令和３年において特別控除額2,400万円を利用しているため、令和６年においては、2,500万円から2,400万円を控除した残額100万円が特別控除額となる。

問題66　農地等を贈与した場合の贈与税の納税猶予制度

〔解答〕

(1)：イ　(2)：ウ　(3)：オ　(4)：カ　(5)：ケ

(6)：ス　(7)：セ　(8)：タ　(9)：タ　(10)：ツ

問題67　取引相場のない株式の評価

〔解答〕

〈設例１〉

(1)　類似業種比準価額

650円

(2)　純資産価額

700円

(3)　(1)<(2)　　∴650円

650円×30,000株＝19,500,000円

〈設例２〉

(1)　純資産価額

500円

(2)　400円×0.50＋500円×（１－0.50）＝450円

(3)　(1)>(2)　　∴450円

450円×10,000株＝4,500,000円

おわりに

農業従事者の高齢化が進み、大量のリタイアによって今後ますます担い手不足が深刻化するなか、新規就農や企業参入を後押しする政策が展開されています。また、政府は農業経営の法人化を強力に進めており、2023年までの間に法人経営体数を５万法人に増加することを国の目標に掲げています。

農業経営の新規参入や法人化には、経営者自らの的確な判断だけでなく、関係者による支援が欠かせません。農業経営に取り組み、これを支援するうえでは、農業特有の会計・税務や個人経営と法人経営の違いを理解する必要があります。また、優良な農業経営を育てるだけでなく、次世代に円滑に継承していくことが求められています。2015年から相続税の課税強化が行われ、農業経営においても相続税や贈与税を意識した経営継承対策を講じていく必要があります。

こうしたなかで農業者の経営支援にこれまで中心的な役割を担ってきたＪＡや普及指導センターなどの関係機関だけでなく、金融機関や税理士・公認会計士などの会計人が農業に係る税務の特徴を理解し、農業政策や税制を含めた経営環境の変化にも対応した法人運営や経営継承を企画・提案していくことが求められます。

本書で学ぶ読者の皆さんが農業に必要とされる実践的な経営スキルを習得し、また、農業経営の強力な支援者として活躍されることを願ってやみません。

一般社団法人 全国農業経営コンサルタント協会

本書のお問い合わせ先

一般財団法人 日本ビジネス技能検定協会 事務局
〒101-0065
東京都千代田区西神田２－３－８　谷口ビル５階
Tel 03-6265-6124　Fax 03-6265-6134
ＨＰ：http://www.jab-kentei.or.jp/

農業経理士問題集【税務編】（第５版）

■発行年月日　2020年５月11日　初版発行
　　　　　　　2024年４月23日　５版発行
■監　　修　一般財団法人 日本ビジネス技能検定協会
　　　　　　学校法人 大原学園大原簿記学校
■発 行 所　大原出版株式会社
　　　　　　〒101-0065
　　　　　　東京都千代田区西神田1-2-10
　　　　　　TEL　03-3292-6654
■印刷・製本　株式会社　メディオ

落丁本、乱丁本はお取り替えいたします。定価は表紙に表示してあります。
ISBN978-4-86783-108-3 C1034